宝島社文庫

要塞都市・東京の真実

はじめに

〜有事法制とは〜

2003年に制定された有事法制とは、戦争及び武力衝突の状態に陥ったときの自衛隊の行動を定めた、一連の法律のことである。

有事法制が成立するまでは、たとえ有事の際であっても自衛隊は平時の法律に縛られることになっていた。東京湾に敵軍が上陸しようとしているときでも、自衛隊は実際に上陸するまで何もできなかったのだ。日本の領海で頻発した不審船の発見やアメリカの同時多発テロなど、国際情勢の変化により、テロや戦争が起きたときに迅速に対応すべく制定されたのがこの法律なのだ。

では、この有事法制によって自衛隊は何ができるようになったのか？　具体的に挙げてみよう。

①私有地を作戦で使う際に地主と連絡がつかなかったとき、正式な通達なしに土地を使用できる。
②作戦を遂行する際、邪魔な建造物を自由に取り除くことができる。
③民間人に作戦上必要な食料・弾薬などの保管を命じることができ、従わない人間を罰することができる。
④私有地でも自由に出入りすることができる。
⑤道路や橋を自衛隊が直すことができる。
⑥陣地を作る際、土地やそれに付随するものの形を変えることができる。
⑦待機命令下（有事になりそうな際）でも武器の使用ができる。

ほかにもあるが、大まかに言って以上の７つを自衛隊は行えるようになった。単純に自衛隊の裁量が増して、有事の際、自由に行動できるようになった、と言うこともできる。

有事法制の研究の歴史は古く、東西冷戦の真っ最中だった1977年の福田総理の時代から、政府内で議論が続けられていた。戦争アレルギーを持つ国民に配慮し、あくまでも立法準備ではないと説明しながら。以降、1981年、1984年に問題点の概略を発表。冷戦構造の崩壊などにより、研究が一時ストップするも、小泉首相のもと2002年に国会に提出され、2003年の第156回通常国会で可決された。日本の防衛に携わる者の、20年来の悲願が達成された瞬間である。

戦闘機が飛び交い、戦車が要人の住居の前に鎮座する。そんな有事が勃発した際、首都・東京の防衛にこの法律がどのような効果をもたらすのだろうか。本書がその疑問を解決する一助になるはずである。

要塞都市・東京の真実／目次

二大インタビュー

第一章　首都の地下鉄網に秘められた謎　9

column

第一章 首都の地下鉄網に秘められた謎

1927年に銀座線が開通し、地下鉄の歴史は始まった。銀座線に続き1954年には丸ノ内線が開業、以降、営団地下鉄9路線、都営地下鉄4路線が開業している。そしてこの地下鉄こそ、有事の際のシェルターとして、また人員・物資の輸送路として大活躍する首都防衛の生命線なのだ。自衛隊の駐屯地と国家の中枢を結ぶ有楽町線、自衛隊の練馬駐屯地から都庁を経て都心を環状に走る大江戸線まで、首都防衛構想の柱となる地下鉄の“真の役割”を考察する——。

国家の中枢と軍事拠点を通過する
千代田線・南北線・有楽町線を結ぶ点と線

永田町や国会議事堂などの、国家権力が集まる地域を通り、軍事色の非常に濃い施設へと向かうこの3線は、地下での相互乗り入れも可能である。実質的に巨大なひとつの路線として扱うことができるこの地下鉄に隠された意図とは？

地下鉄の路線でもっとも軍事色が強い有楽町線

有楽町線は1962年に計画がスタートしてから開通まで、紆余曲折を重ねている。市ヶ谷から神保町に向かい、錦糸町までというのが、当初のルートであった。

それが1968年、混雑する丸ノ内線を補完する役割を担うことになり、計画は大きく見直された。皇居を右手にしながらのルートから、麹町や永田町を経て新木場へと向かう、まったく逆の回り方をすることになったのである。

と、ここまでは表向きの話。実は有楽町線の計画変更には、もうひとつ裏の理由があるのだ。

当時の営団関係者も口外していないその理由は、状況から見て明らかに、軍事的転用のひと言に尽きる。

工事が着工されたのはイデオロギー対立が激しい冷戦時代。核の脅威は今よりももっと身近にあった。

ソ連や米国にはすでに地下を利用した

避難所、さらにはシェルターが建設されていた。日本もこうした例にならい、有楽町線建設時に、本格的な地下網を用意しようとしていたのである。

　有楽町線・桜田門駅のプラットホームの一番東側にはエレベーターがある。有楽町線はこの周辺では地下2階に線路がある。ホームから改札口まで移動できるのは1階分。歩いていっても差しつかえないところにエレベーターなど、なぜ設けるのだろうか。怪訝に思い駅員に聞いてみたところ、「お年寄りが多いからなんですよ」と、そっけない答えが返ってきた。

▲日本の中枢部を通る有楽町線の車両。東武線と乗り入れることによって自衛隊の朝霞駐屯地までをつないでいる。

　エレベーターを1基作るだけで数千万円するという。予算を考えれば、1階上に行くだけのエレベーターを作るのはなんとももったいない。

　桜田門駅を出たところには、警視庁のビルが建っている。公表されている数字では、警視庁は地下4階まである。

　警視庁の俗名にもなっている桜田門は本来、皇居の門のひとつである。皇居の周辺には江戸時代から数多くの地下壕が存在し、また第2次世界大戦の際には多くの地下壕が掘られたという事実もある。

それを鑑みると、天皇陛下がお堀の下を通って、道を挟んだところにある警視庁の地下に避難される可能性は十二分に考えられる。

むろん、有事の際には、有楽町線・市ヶ谷駅から警視庁を結ぶ区間は人、軍事物資、大砲までを運ぶ重要なルートとなる。

自衛隊市ヶ谷駐屯地に勤務していたある元女性自衛官は、自衛隊幹部がこのルートについて話をしているのを何度も聴いたことがあるという。

すでに市ヶ谷駅から桜田門駅までの有楽町線が何のためにあるのか、自衛隊上層部の間で知らぬ者はいないようである。

さて、この市ヶ谷駐屯地は巨大な核シェルターが存在すると噂をされている場所でもある。

過去、地下シェルターは、首相官邸、警視庁のものが噂に上ったことがあるが、シェルターを作ったのは、田中角栄が首相の時代。数メートルの鉄筋を5メートルのコンクリートがサンドイッチにした強靭な壁で囲まれたものだった。このシェルターは、田中角栄元首相に自衛隊の陸・海・空の長と警視総監、そして田中角栄の側近のみが利用できるというものだった。

皇居の至近距離に隠された地下操車場がある!?

地方の人はよく「東京の地下鉄はわか

りづらい」という。その原因のひとつとなっているのが、皇居の存在である。すべての路線図は皇居の下を通らないように作られているのだ。「開かれた皇室」とはいえ、いまだアンタッチャブルなのは間違いのない事実である。

　地下鉄は基本的に大きな通りの下に作られる。そのほうが住宅地や建造物の下に作るより工事が進めやすいからである。ついでに騒音問題が避けられるというメリットもある。

　しかし、本当に皇居の下を地下鉄は通ってないのだろうか。

　7年ほど前、麹町1丁目から3丁目付近で「夜になるとゴロゴロと地鳴りのような音がする」と、周辺住民が訴えたことがあった。苦情は3カ月程度でおさまったが、ある建築会社の人間は「皇居の半蔵門近くに巨大な地下操車場がある」という話を聞いたことがあるという。この時の騒音は「おそらくその工事のときに出た音でしょう」と、彼は言う。果たしてこの地下操車場はいったいどのような意味を持つのであろうか。

　麹町1丁目から3丁目までの周辺は、地下鉄が何本も乗り入れている。永田町を走る路線のうち、有楽町線、南北線、半蔵門線はすべて相互乗り入れができるよう

▲地下鉄南北線・永田町駅のホーム。ホームとしてかなりのスペースがあるものの、なぜかこの部分には電車が停まらないのだ。なにか隠された意図がありそうだが。

になっている。また、数百メートルの地点に、これもまた相互の連絡が可能な千代田線、銀座線、丸ノ内線がある。具体的にどこに乗り入れ、乗り換え場所があるのかは秘密にされているものの、麹町にあるとされる地下操車場に物資や兵器を置いておくことは、有事の際に非常に重要な意味を持つのである。

私鉄との乗り入れによって自衛隊の駐屯地と直結するように

有楽町線の軍事的利用の色彩がさらに強くなったのは、1987年、東武東上線との乗り継ぎによって営団成増から和光市までつながってからである。東武東上線を使えば、川越まで行くことができ、その沿線には陸上自衛隊朝霞駐屯地がある。この有楽町線1本で、陸上自衛隊駐屯地と市ヶ谷駐屯地がつながったのだ。

そうなると当然、物資の輸送も可能となり、有事の際は数千人規模の陸上自衛隊員を、一気に都内に配備することが可能になったのである。

巨大な車庫に乗り入れる千代田線と自衛隊の施設をつなぐ南北線

先にも書いたとおり、南北線、千代田線、有楽町線は相互乗り入れが可能である。朝霞から有楽町線で都内に入り、南北線と千代田線に乗り入れれば、都内の重要な施設に人員を配備することがいくらでもできる。

千代田線はJRの北千住駅の混雑緩和が目的で作られた。1969年にまず北千住—大手町間が開業。御茶ノ水駅で神田川の下を通らねばならず、開業当時、新御茶ノ水駅は地下24・3メートルというもっとも深い駅となった。長さ41メートルのエスカレーターは、もっとも深いところを通る大江戸線にすらないものである。71年には大手町—霞ヶ関が開通。

◀有楽町線の市ヶ谷駅に存在する乗り入れ線。この壁の向こうにはさらにもう一本、乗り入れの線が存在する。

1978年には小田急線との直通運転が可能になった。

実は代々木公園の地下には、千代田線の車両が収納される地下操車場がある。後に述べるが、地下操車場は有事の際、自衛隊の重要な拠点となるのだ。

一方、南北線は東京メトロではもっとも新しい線だが、計画は1962年と古い。当初のルートは目黒を出発し市ヶ谷を経て王子までというもの。このルートは、ほぼ現行のものと変わらない。

この南北線も、有楽町線・千代田線とともに軍事利用が十分に可能な路線である。

出発点の目黒駅には陸上部隊があり、市ヶ谷駐屯地を経て、王子駅へ。そこからわずか1キロほどの所に、自衛隊駐屯地がある。そのルートからは、3つの軍事施設をつなぐというはっきりとした意識が感じられる。有事の際に人員の移動、物資の輸送に使われるであろうことは、火を見るより明らかだ。

以上千代田線、有楽町線、南北線を見てきたが、ざっと見ただけで要所はいくつでも発見できる。もしこの地下鉄網をテロリストや敵軍が利用したら、重要拠点にスムーズに移動することができ、東京中を混乱させることだろう。

最後に蛇足を。東京メトロと名前を変更して、営業路線は8路線183・2キロ。駅数168。保有車両数2515、1日の平均輸送人員は566万人。年間輸送人員2億人。これは世界一の地下鉄網であるという。

そしてその地下鉄網をかいくぐるように伸びる〝地図に載っていない路線〟が存在するのである。それが千代田線・霞ヶ関駅と有楽町線・桜田門駅を結ぶ、8、9号連絡通路だ。約600メートルの連絡線で、千代田線の北綾瀬駅の先にある綾瀬工場で車両の検査や修理を行うための回送ルートだ。

毎年、夏の東京湾大花火大会に合わせて、千代田線や南北線から会場に近い有楽町線・豊洲駅へ直結する電車が走る。その電車が通る線路がこの8、9連絡線である。また2002年のサッカーワールドカップの際は、千代田線や有楽町線の駅から出発した電車が南北線を走り、最寄り駅であるさいたま高速線の浦和美園まで乗り入れた。

この地下鉄網が、まさに要塞都市・東京の心臓なのである。

地下42メートルを走る

軍事色を多分に帯びた大江戸線

都内を環状に走る大江戸線。一見なんてことのない地下鉄だが、有事の際には自衛隊の練馬駐屯地から出発した部隊を東京中に展開させる大動脈に衣替えするのだ。

自衛隊の利用は石原都知事のお墨付き

大江戸線が現在のカタチで計画されたのは、1972年。その後、ルート変更や環状線にする計画が付加されて、工事は放射部の光が丘—練馬間から始まった。光が丘—練馬間が開業したのは1991年。車両の最大の特徴でもあるリニアモーター駆動の採用により、車体を大幅に小型化することができ、それによってトンネル断面を小さくして建設費を抑えることに成功した。が、すべての駅が開業するには2000年までかかることとなった。

大江戸線の計画発表から開通までに長い期間がかかったのは、莫大な費用が問題となったからである。既存の各地下鉄や地下埋没物を避けるためにはかなり掘り込まねばならず、また駅のプラットホームに出るまで数層に及ぶエレベーターやエスカレーターが必要となり、その建設費も多大なものとなった。入り口からホームにたどり着くまで5分以上かかる駅もザラにあり、新宿から環状で広範囲をカバーしているにもかかわらず、利用者の不満の声はいまだに大きい。

だがそんな大江戸線に、軍事的な意味が隠されているとしたどうだろうか。事実、2000年に、自衛隊は大江戸線を使った訓練を行ったことがあるのだ。

かつて、石原慎太郎都知事がこんな爆弾発言を行っている。

「不法入国した三国人、外国人が大災害時、騒擾事件を起こすことが予想される。そうしたら自衛隊に出動してもらい、治安の維持を目的として遂行してもらいたい」

2000年4月9日の陸上自衛隊練馬駐屯地での石原都知事による排外主義的な発言は、治安弾圧の対象として名指しされた在日外国人をはじめとした広範囲な市民の「石原やめろ」という怒りの声をまきおこした。

そんな声に耳を貸さず、石原東京都政はこの〝自衛隊の治安出動〟なる発言を現実化するものとして、〝ビッグレスキュー東京2000～首都を救え～〟と題した東京都防災訓練を行い、ついに大江戸線は自衛隊出動に利用されることになる。

〝ビッグレスキュー東京2000〟の表向きの総指揮者は首相と石原都知事だが、本当の主役は〝自衛隊〟。防衛庁制服組のトップ統合幕僚会議議長を〝総司令官〟に、統括された陸海空三軍の自衛隊部隊が防災訓練を名目に首都・東京に出動したのだ。

当日のシミュレーションでは、東京・市ヶ谷の防衛庁新庁舎地下に導入された新中央指揮システム（NCCS）も使われ、動員された自衛官は総勢4000〜5000人。うち200人あまりを大江戸線で木場に運んだのである。

　その当日、阻止のため肉弾戦も辞さずという人々が光が丘駅に集結したものの、いつまでたっても自衛隊は現れない。この時、自衛隊が利用したのは、光が丘駅ではなく、そこから歩いて15分ほどのところにある東京都交通局高松庁舎が管理する高松操車場（車庫）だった。つまり自衛隊の部隊は、普段は車両やレールを地上から地下に降ろすのに使われている操車場に行き、そこから地下に潜って、臨時の回送（試運転の臨時列車）に乗り、木場に向かったのである。

　こうした自衛隊出動について東京都や防衛庁は「あくまでも自衛隊法83条に基づく災害派遣を想定した訓練」と説明し

◀地下42メートルにある大江戸線の六本木駅。日比谷線は地下2階を通っているが、大江戸線は地下5階と地下7階。現在、地下鉄の中で一番深い駅となっている。

◀大江戸線の車両。リニアモーター駆動の採用によってかなり車両がコンパクトになっている。

ている。

　石原都知事は就任した直後、「ロサンゼルスであったように、不法入国の外国人による大略奪が新宿とか池袋でおきるかもしれない。それに対処するデモンストレーションとして戦車とか装甲車とかで街を封鎖する訓練もしてほしい」（『正論』３月号）とインタビューで答え、都知事になった直後には「災害時の合同大救済演習は、北朝鮮とか中国に対するある意味での威圧になる。だからせめて実戦に近い演習をしたい。相手は災害でも、ここでやるのは市街戦ですよ」（『ＶＯＩＣＥ』９９年８月号）と高らかにタカ派発言まで行っている。

　さて、石原都知事の発言の是非はさておくとして、光が丘から新宿まで物資や人を運び、都内の主要ポイントをすべて通る大江戸線は、有事の際、相手に対しての大きなアドバンテージであることは間違いない。

　まずは何といっても路線が深いということ。第２次世界大戦の際には、ロンドン市民がナチス・ドイツの空爆を避けるため地下鉄で生活をしていたというが、あっという間に簡単なシェルターとなってくれる。また、路線のデコボコが少なく、車両が特別仕様でなくても簡単に入ることができる。戦時下でもたいていのものなら運ぶことができるのだ。

大江戸線の弱点は改札がひとつしかないこと

しかし、その強みは同時に弱点でもある。大江戸線は経費節減のため、改札が基本的にひと駅にひとつしかない。

たいていの地下鉄はふたつ以上の改札があるものだが、この大江戸線は誰もがホームの真ん中か、端っこにあるひとつの階段を昇り、さらに外に出るまでに4〜5階分を昇らなければならないのだ。途中、改札を出たところと出口までのもう1カ所に、防災のためのシャッターがある。地震や火事の際には自動的に降りるが、シャッターの隅には人ひとりがようやく通れるだけの大きさの非常口がある。大江戸線は気密性がかなり高い。仮に、自衛隊が派遣されたときにサリンのような毒ガスが撒かれたらどうなるのであろう。

サリンは吸うだけでなく、皮膚に接触するだけでもかなりのダメージを負う。さらに、サリンが充満するなか、地上まで5〜6階も昇らなければならないのだ。化学防護服で対策をしている部隊ならともかく、普通の部隊ではミイラ取りがミイラになってしまう。

また、気密性の高さはコレラや天然痘などの生物兵器を利用するにはもってこいだ。電車が出て行く際、車体のスピードによって乱気流が起きている後部に菌を撒く。その乱気流にのって菌が駅中に広がるワケだ。

しかも、コレラ、天然痘などは感染してから自覚症状が出るまで、数日から1週間ほどの時間がかかる。いったい何時、菌をもらうハメになってしまったのか、その時にはもはや場所の特定は不可能である。発症するまでに、細菌の治療薬を探し出すことができるのだろうか。おそらくその前に死を迎えることになるだろう。

都営浅草線と乗り入れることでさまざまな場所に移動が可能

大江戸線について物騒な話が続いてしまったが、一方で、都営浅草線との連絡ができつつある。都営浅草線は下町を走る路線だが、京浜急行に京成線と直通運転をしており、その先には成田・羽田のふたつの空港がある。有事の際には自衛隊の部隊とその物資を運ぶことができるというワケだ。

都営地下鉄は浅草線・西馬込駅近くの検車場と車両工場を一体化し、効率的な整備を図ることにしている。ここに大江戸線の車両も持ち込み、出入りさせようというのだ。

ただし、大江戸線と浅草線とでは車両のサイズや保安装置が違う。線路の幅は浅草線では日本の列車が多く採用している狭軌で、大江戸線は新幹線と同じ広軌。お互いの線路の上を走ることは残念ながら不可能なのだ。

しかし牽引車を使えば浅草線の線路を大江戸線の車両が走ることも可能なので

ある。候補となっているのは大江戸線の汐留駅の飯田橋方面行きホーム。ここから新橋〜大門間につながる約500メートルの連絡線を作り大江戸線を牽引する予定となっている。

都営三田線は志村車両検修所、都営新宿線は大島車両検修所に車両工場を併設している。大江戸線には木場車庫と光が丘駅の先にある高松車庫があるが、車両工場は併設していない。

そのため、すでに鉄道ファンの間では、深夜に大江戸線が浅草線に牽引され、線路を走っているのではという噂話も聞こえてくる。

さてもうひとつ、大江戸線は2005年秋のつくばエクスプレス（首都圏新都市鉄道）と、新御徒町駅で乗換えができるようになる。

このつくばエクスプレスは、東京と茨城県のつくば市を結ぶもの。練馬の自衛隊駐屯地とつながることによって、日本の重要な研究施設が集まるつくばをもその防衛範囲に収めることができるのだ。

◀大江戸線の線路には一般的な〝狭軌〟ではなく、高速で走る車両に適した〝広軌〟が採用されている。

朝霞・練馬と3大繁華街を結ぶ

新たなる戦略路線・地下鉄13号線

2008年に開通予定の地下鉄13号線は、明治通りの真下を通り、渋谷と池袋をつないでいる。池袋の先には朝霞・練馬の自衛隊駐屯地があり、有事の際は即座に自衛隊を繁華街にピストン輸送する経路になるのだ。

計画当初の目的は山手線の混雑緩和だった

有楽町線や大江戸線が駐屯地を経由して国家の中枢を守るために人員を配備できるのに対して、池袋、新宿、渋谷といった繁華街に対応するのが、現在建設が進められている東京メトロ13号線である。池袋、渋谷間の約9キロを結ぶこの路線は、2008年に開業する予定である。

計画はかなり古く、1972年の都市交通審議会で初めて明らかにされた。JRの渋谷～池袋間があまりにも混雑するために、その緩和を目的としたものである。

都市計画上の13号線は和光市～新宿だが、和光市～新木場間が有楽町線、小竹向原～池袋間は有楽町新線が開通しているので、現在、13号線は池袋～渋谷間ということになっているのである。

また、13号線と東急東横線が相互直通運転する計画が2002年に決定。これを受け入れるため渋谷駅のホームを1面2線から2面4線に増設し、同時に新宿三丁目駅には、東急から来る列車が折り返すための引き上げ線がひかれることになった。東急東横線との相互直通運転の開始は、２０１２年に予定されている。

さて、この線は東武線、西武線と乗り入れができることが、軍事的に非常に重要な意味を持つ。

東武線は有楽町線と平行しながら和光市まで。さらには西武線の練馬駅までの乗り入れが決定している。

すでに何度も触れてきた通り、練馬と朝霞には自衛隊の駐屯地があり、有事の際は、この13号線を使って自衛隊員を池袋、新宿、渋谷という繁華街まで運ぶことになるはずだ。

また新宿七丁目では追い越し設備が設けられ、地下鉄では珍しい、急行運転も可能となる予定だ。

東急との直通運転により埼玉・東京・神奈川を結ぶ

前述した通り13号線と東急東横線の直通運転が決定し、２０１２年には、朝霞、練馬といった駐屯地から横浜までが一本でつながることになる。

東京と並ぶ大都市・横浜の近辺に自衛隊の駐屯地はない。しいてあげるならば横須賀の海上自衛隊にある厚木の航空自衛隊だが、現状では水際から攻めて来る大軍に太刀打ちできる可能性は低い。圧倒的に人員が不足しているのだ。

なぜなら、防衛において上陸する敵軍がいた場合、相対するのは陸上自衛隊だからだ。

巨大な貿易港である横浜の重要性を考えれば、数も質ももっと必要となる。そこで、朝霞、練馬からの援軍を加えて、ようやく陸海空を合わせた水際部隊が完成することとなるのである。

実はこの13号線、一度は建設が中止寸前まで追い込まれたことがあった。それはJR埼京線の開通によって、埼玉から東京への人の流れが緩和されることが期待されたからである。しかし埼京線もできてみれば、大変な混雑を生む線となり、まだまだ輸送力が足りないということで、結局、着工に踏み切ることとなる。国会でも13号線が果たして必要か審議されたものの、国の不況対策の一環として建設推進の方向性が打ち出され、国庫補助が採択されたのをきっかけに建設計画が動き出した。

都内で爆弾、毒薬散布などのテロが起きた場合、13号線が完成すれば、迅速に隊員を配置することができる。それが計画の推進に少なからず影響しているのは言うまでもない。

テロや大規模災害を想定した軍事的戦略を持つ地下鉄のラインは、今までは千代田線、有楽町線、南北線の3本がメインだった。しかもこれらのラインは市ヶ谷、永田町周辺の何カ所かで交錯しているので、もしひとつのラインがテロによって破壊された場合、その影響はほかの路線にも及んでしまう。

ところが13号線はこれらのラインと一線を画している。直接交わるのは有楽町線の池袋駅くらいなもの。後はまったくの別ルートを走るため、テロの標的になりやすい市ヶ谷や桜田門の影響を受けることもない。また、13号線は南北に走るルートのため、東西に走る地下鉄との接

▲自衛隊の練馬駐屯地。有事の際は西武池袋線から地下鉄13号線をへて、都内へと部隊を展開させる。

続駅を作れば、部隊をいたるところに展開でき、東京を防衛するに足る新たなラインができ上がるのだ。

たとえば東西線は、早稲田駅付近で13号線と交錯する。ここで相互連絡を行えば、有事の際に千代田線、有楽町線が使えなくなっていても、それと代替するルートができあがる。

新宿七丁目駅で建設中という追い越し設備を利用すれば、ラッシュアワーにテロが起きたとしても、線路をふさぐ列車を追い越すことができる。間違いなく、地上の明治通りよりも目的地に早くつくことができるのだ。

追い越し設備を作るには車線が少なくとも4車線は必要となる。それだけ地下構内も広くなり、機動力は増す。

そこに千代田線、丸ノ内線など他線との相互乗り入れや乗り換えのできる部分を設ければ、13号線は利用価値が大変広がり、地下を使っての人員移動などに大きな力を発揮する。いや、むしろ、そうでなければ東京の重要な繁華街を繋ぎ、さらに東西とのつながりを役目とする13

号線の存在意義がまったくなくなってしまうと言っていい。

別項で詳しく述べるが、13号線は現在の工事では、新宿七丁目を過ぎたところで大きくカーブをし、新宿三丁目、そして新千駄ヶ谷、明治神宮前といったコースを通ることになっている。この明治神宮前というのに大きな意味がある。隣接する代々木公園には、現在も地下に巨大な地下鉄車両基地があり、有事の際には、人員の集合、武器の貯蔵、そして運搬のためのスペースとして使われる可能性が高いのだ。

朝霞、練馬から運ばれてきた人員、武器をここで振り分けるという、重要なターミナルとなり、重要拠点ともなるのである。

南に伸びることで横須賀・厚木までを繋ぐ

さらに13号線が開通することによって、陸上自衛隊の水際作戦だけでなく、海上自衛隊の船越自衛艦隊総司令部、横須賀の地方総監部との連絡も緊密になる。もちろん厚木にある航空自衛隊基地との関係もより近いものとなってくる。

いままで陸上自衛隊、海上自衛隊、航空自衛隊間の物資の運搬はすべて深夜に高速道路を使ってトラックで行ってきたが、これからは地下鉄を使えるのである。

安全性ということを考えれば、多くの護衛を連れて高速道路を走るより、鉄道を使ったほうがいいのは言うまでもない。

13号線の開通は、要塞都市・東京の新時代を告げるものである。

戦略路線に隠された真実

有楽町線の線路を90式戦車が走る!!

朝霞駐屯地と市ヶ谷駐屯地を結び、政治の中心・永田町を通る有楽町線には、かねてから戦車が走れるという噂がある。操車場から地下に乗り入れた戦車は、首都防衛のためにキャタピラをまわすことができるのだろうか。

戦車が地下鉄の線路を走るとき問題になるのは?

ここまでは地下鉄を使った人員、物資の移動について論考を重ねてきたが、今度は地下鉄で武器の移動、搬送が可能か検証してみたい。

問題となるのは車両の幅と高さである。地下鉄は列車車両が通るための最低限の大きさでしか掘られていない。

基本的に地下鉄の車体は高さが3485ミリメートル、幅が2600ミリメートル。電車が通る穴はこれよりも若干余裕を持たせてあるので、送電線が上部にある場合を除いて、高さは約3700ミリメートル、幅は3000ミリメートルといったところだろう。

現在、標準装備として採用されている自衛隊車両の中でこの中を走れる車両といえば、まず73式小型トラックが挙げられる。

三菱のパジェロをベースに作られたこの車両は、各部隊に広く配備されている。乗員は6名で、対戦車誘導弾や無反動砲を搭載して移動することが多い。戦場では頼れる機動力となる車両である。

73式小型トラックの寸法は横幅1770ミリメートル、高さ1970ミリメートル。地下鉄の線路は、充分余裕を持って走れる広さとなる。むろんレールがあるため走り心地はよくないが、もともと戦時下を想定しているのが自衛隊車両。隊員にとってみれば特別問題ではない。

朝霞、あるいは練馬から出発した73式小型トラックが永田町につくまで、およそ30分。陸上ではゆうに1時間はかかる距離だから、約半分の時間で部隊を展開できるというわけだ。

もし東京湾でテロが起きた場合でも、新木場まで50分程度でたどりつくことができる。敵国が東京湾に現れて上陸しそうな水際での戦いに無反動砲、対戦車誘導砲を搭載した73式トラックが使えるというのは、首都の防衛という観点からは非常に心強い。

イラク派遣でよく知られるようになった軽装甲機動車は、横幅2040ミリメートル、高さ1850ミリメートル。こちらも十分地下鉄内を走ることができる。小火器の弾丸や砲弾片に耐えうる装甲は、市街戦でも活躍しているのだ。

乗員室の上面には円形の大きなハッチが設けられており、556ミリ機関銃をはじめとする武装をハッチの上にも施すことができる。

地上戦の際、この2種類の車両が戦場に駆けつけることができれば、戦力アップにつながるのは言うまでもない。

戦車が地下鉄の線路を走ることはできるのか？

それでは戦車はどうだろうか？　現在、主流となっている90式戦車は幅３４００ミリメートル、高さは２３００ミリメートル。

幅が足りないと思われるだろうが、実は有楽町線は円形シールド工法で彫られた地下鉄で、対向車線の間には支柱がなく、車両２両分の幅がある。これなら90式戦車の自走も可能だ。

線路に挟まれてホームがある駅では、支柱以外は壊しても問題はない。自衛隊にはいざという時のため、トンネルを掘ることのできる坑道掘削装置があり、専属の部隊もある。彼らを使えば、ホームの端を削って地下鉄駅構内の障害物は簡単に取り壊せるのだ。駅自体は支柱さえ傷つけなければ、崩れるようなことはありえない。

線路もあり、その上に掘削時に出る瓦礫がちらばる足場の悪いところでも戦車は走行可能、と言うより、戦車のキャタピラはそういったところを走るために作り出されたのだ。

一度、掘削装置が道を広げてくれれば、後は現場まで1直線。90式戦車の最高速度は時速70キロメートル。さすがにエンジン全開で走ることは無理かもしれないが、それでも、かなり早く目的地まで到達することができる。

90式戦車は車体や砲塔の前面に、セラミックやチタンなどを組み合わせた新素材〝複合装甲〟が採用され熱戦映像装置やレーザー測遠機等を組み合わせた高度な120ミリメートル砲射撃統制装置を搭載し、高い命中率を誇る自衛隊最強の陸上戦車。もしこの戦車が東京に配備されたとしたら心強い。

ただ、90式戦車は重さが50トンもあり、ひょっとしたら走行中に沈んでしまう可能性もある。これは実際にためしてみないことにはわからない。現段階でそのような実験が行われたという事実は（噂ですら！）ない。

これでは〝来たるべき時〟に線路内を走らせることはできない。ならば同じ戦車でもなるべく軽くて小さいものを探してみよう。89式装甲戦闘車は数が少ないものの、横幅3200ミリメートル、高さ2500ミリメートル、重さは26トン。最大速度は時速50キロメートル。

おもに接近戦に力を発揮、小回りのきく動きは路線が複雑に入り混じる地下鉄での移動に適している。

また合計873両が生産された74式戦車は横幅3180ミリメートル、高さ2250ミリメートル、重さは38トン。こちらも線路を通るのに支障はない。退役する車両も出ているが、89式装甲戦闘車と並んで地下鉄移動に適した車両だと言える。

74式には赤外線パッシブ暗視装置などの能力が搭載されている。近代戦において赤外線を利用し、暗いところでも見通せるパッシブ暗視装置は必要不可欠な装置だ。

74式戦車を改良した87式自走高射機関砲も地下での移動に適した車両だ。機甲部隊などに随伴して機動的な対空戦闘を行うことを目的に開発されたこの車両、

▲現在、日本の主力戦車として採用されている90式戦車。重さが50トンもあるため、実戦には向いていないという説もあるが…。

砲塔の後部に2種類のレーダーを装備し、敵の探知に優れている。そして射撃統制装置でコントロールされていて、敵の発見から射撃までコンピュータ任せでＯＫなのだ。

以上のように自衛隊には地下鉄の移動に適した車両はかなりある。

敵がよほどの人員を動員してきたとしても、それに対応することは十二分に可能だと言えるだろう。

IRAのテロと闘い続けた国

イギリスに見る地下鉄テロ対策とは？

東京のように地下鉄が密集している他国のテロ対策はどうなのだろう？　頻発するテロと長年闘ってきたイギリスから、地下鉄のテロに有効な対策を見てみたい。

ゴミ箱やトイレなど あらゆる場所に対策が

地下鉄がテロの対象となるのは、なにも日本に限ったことではない。アメリカのニューヨーク、あるいはフランスのパリでも、物騒な事件は何年かおきに起きている。

しかし、数の多さでいえば、80年代後半から90年代中ごろまでのロンドンほどテロ、及びテロ脅迫を受けた例はないだろう。

爆弾テロを仕掛けたのは、IRA（アイルランド共和国軍）の暫定派。領土問題に抗議するため、ロンドンの地下鉄に数百回以上、爆弾を仕掛けたとイギリスの警察、スコットランドヤードに通告したのだ。すべて数時間後に爆発するという警告の電話だったため、スコットランドヤードは警告電話を受けるやいなや駅を封鎖、爆薬の臭いをかぎつけることのできる警察犬を使って指定された駅を必死になって探索し、爆発物を見つけてきた。

今では東京の地下鉄駅にもゴミ箱はない。それは簡単な爆弾の隠し場所として使われることが多いためで、ロンドンの地下鉄はゴミ箱を始めとするあらゆる可燃物を撤去してしまっている。唯一残っているのは壁のポスターだけ。しかし、これに火をつけるにはいったん線路に降りなければならず、しかも糊でべっとりと壁に貼り付けられているため、まず無理である。

ロンドンの地下鉄対策は他にもある。例えばトイレを改札の中に作らないこと。改札の中に作ってしまえば、人ごみにテロリストが紛れ、爆発物の受け渡しや、設置が容易になる。そういった理由から、ほとんどすべてのトイレは改札外に作られた。

そして、改札外に作られたトイレもドアの下から5センチは開いている。また個室のドアも中心の10センチほどは曇りガラスになっている。これならば、ずっと閉まっている個室でも人がいるのかどうか判別しやすい。

もし日本の地下鉄のトイレで何時間も閉まったままの個室があったとしたらどうだろう。誰も気にしないだろうが、時限爆弾が仕掛けられているかもしれないのだ。日本ほど爆弾テロを成功させやすい国もないのである。

もし爆弾予告の電話が入れば、まずは警察が駆けつけ、爆弾処理班とともに爆弾を探す。当然、地下鉄車両はそこでストップ。乗客は慌てず急がず出口へと向かうことを要求される。ロンドンの爆弾テロ予告は頻度があまりに高かったため、乗客もすっかり慣れていて、特にパニックにもならなかったという。むしろ「ああ、またか」といったようなげんなりとした表情で外に出るのが常だった。

ピカデリー・サーカスやトッテナムコート・ロードといった利用客の多い駅で

は、さすがに無理だが、ちょっと郊外の駅ならば、すぐに代替バスが来て、隣の駅まで乗せてくれたという。

それでは、運行中に次の停車駅に予告電話が入ったらどうするか？　連絡を受けた運転手は次の駅が近づいてきてもスピードを緩めることなく、そのまま通過してしまう。

また、その次の電車は予告電話の入った前の駅でストップし、状況が回復するまでドアを開けたまま待つことになる。

と、テロ対策では世界の最先端をゆくロンドンの地下鉄だが、運行システムは日本のシステムより数段管理が甘く、「前の電車がつかえているから」などとアナウンスをして、駅と駅の間で止まってしまうこともよくある。

乗客も慣れているから、本来、自分が降りたい駅を飛ばして運転されても、文句もいわずに次に止まった駅で降りる。

テロに慣れた人が蒼白になる瞬間は持ち主不明の荷物が車内にあったとき

爆弾テロ予告に慣れきってしまった英国人だが、それでも真っ青になる瞬間がある。

たとえば、地下鉄の中だけでなく、バスなどでも誰の持ち物かわからないバッグが座席の下などに置いたままになっていたら、彼らは必ず即座にドライバーに知らせる。

バスなら大声を出せばいいが、これが地下鉄なら前か後ろの、近いほうにいる運転手に連絡に行く。

最終手段は各車両についている〝セキュリティー〟というボタンを押すこと。

すると次の駅で緊急停車し、運転手は「セキュリティー・ボタンが押されたから早く外に出てください」と車内にアナウンスする。同時に駅構内にもアナウンスが流れ、乗客は職員の指示に従ってすみやかに出口へと向かう。

ここで、線路に乗客を降ろしてしまうことはまずない。爆弾予告電話が入れば、一瞬にしてすべての地下鉄運転手に情報は届く。が、万が一、情報漏れがあるかもしれない。路線に乗客を降ろしてしまうと、反対車線を走ってきた電車にひかれるという事態も起こりうるのだ。

5年前、アメリカのニューヨークが大停電に陥ったことがあった。その時に印象的だったのは、地下鉄に乗っていた人が数時間も閉じ込められてしまったことだ。数時間たった後、乗客たちは安全を確認した上、自分たちでドアを開け、線路を歩いて次の駅で外に出た。実はこれも管理側の指示に従ったまでのことである。

ほぼ10年にわたって数千回以上の予告電話をしたＩＲＡだが、一度も地下鉄では爆弾を爆発させていない。彼らにとって爆弾テロ予告は、爆発させて人を殺すことが目的ではなく、あくまで北アイルランド闘争が続いているということを世間に知らせるためだったからである。

ブレア首相になってから、イギリスはアイルランドとの話し合いの場を持ち、ＩＲＡも柔軟な対応を見せている。

今ではかつての名物だった爆弾事件もなりをひそめ、平穏な日々が続いている。しかし、あの悪夢がよみがえらない保証はどこにもない。それは日本においても言えることである。

地下鉄5路線が入り混じる

巨大ターミナル、大手町駅の全容

大手町駅は東京メトロの4路線に、都営地下鉄が1路線乗り入れる巨大なターミナル。そしてここからは、コンコースを使って17もの駅に行くことができるのだ。この大手町は有事の際、どのような働きをするのだろうか。

約3キロにわたる巨大なコンコース

大手町駅。東京メトロと都営地下鉄で、この駅を通る路線は、なんと5本もある。全部で13本しかない地下鉄のうちの5本までが、ここを通っているわけだ。東京メトロ丸ノ内線、東西線、千代田線、半蔵門線の4本に都営三田線を加えた5本の地下鉄が通る大手町のような駅は、世界にも類を見ない。

この大手町駅には、東京駅の丸ノ内口から一度も外に出ることなくたどり着くことができる。しかし、同じ駅名を名乗っておきながら、乗り換えのために最長で6分も歩かなければならない（丸ノ内線と三田線の間、東西線と半蔵門線の間）のはいかがなものか、という声が聞かれるのもまた事実だ。

そしてここ大手町駅から日比谷線の東銀座駅まで、地下3キロにわたって巨大なコンコースが存在する。このコンコースを使えば、JR有楽町駅を含めると全部で17駅、路線としては10本もの電車に乗れるのだ。

　なぜ大手町はこのような大規模な駅になり、巨大なコンコースが作られ、他の駅と結びついているのだろうか。

近くに皇居があるため地下開発が進んだ

　大手町から銀座にかけては日本で1、2位を争う地価を誇る土地である。だが、それが理由なわけではない。実はこの一帯、特に大手町から東京駅にかけては、大きなタブーがある。

　それは〝皇居を覗き見る高さの建造物を作ってはならない〟というもの。そんなタブーがこの巨大な地下街を作り上げた。もちろんそれは法律で決まっているわけではない。しかし、そんな建物の申請をしても行政の担当者はハンコを押してくれない。それゆえに西新宿のような高層ビル群の代わりにコンコースが発達

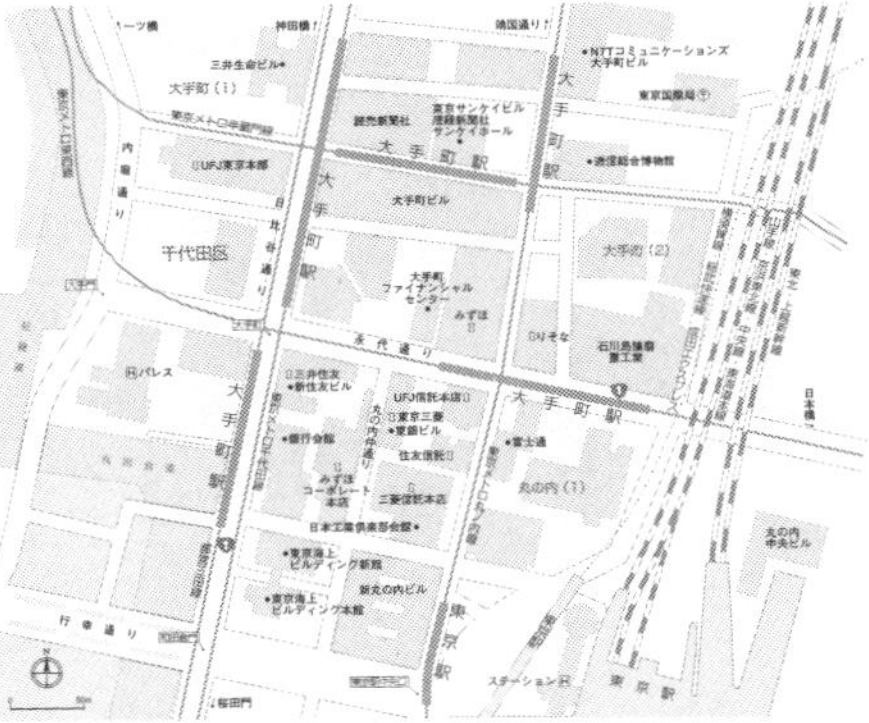

▲大手町駅の地上図。旧財閥系の企業と、報道機関が集中しているのがわかる。有事の際、この駅はどのような役割を果たすのだろうか。

してきたのである。

この5本の地下鉄の開業年は、丸ノ内線が1954年、東西線が1966年、そして千代田線と都営三田線は同時に建設が進められて1972年、最後に半蔵門線で1989年である。そして新しい路線が通るたびに、大手町はその規模を増していったのである。

東西線のプランは実は戦前の、1929年の都市開発計画によって明らかにされている。そして今では、大手町駅はこれ以上増える予定はないそうだ。つまり、戦前から計画されていた大手町周辺の都市開発は、半蔵門線の開通によって完成したということになる。

大手町駅を断面で見ると、見事に年代が若くなるに従って地下深くへと潜る形になっている。しかし、一見整然としているように見えるこの駅を実際に歩くと、その複雑さに驚かされるはずだ。

なんと言っても地上に出ることができる出口がわかりにくい。現在、一時閉鎖中のものも含めたら、その数なんと42。さらには途中からビルになっている部分もあり、その混乱は増すばかり。これでは目的の出口から出るのにも一苦労だ。

大手町から東銀座まで約20分にわたる地下の旅

大手町駅の複雑な構造と同様に、駅を取り巻く地下街もまた、道路のように入り組んでいる。場所によって様々な表情を見せる地下街を少し覗いてみるとしよう。

北西にある半蔵門線・大手町駅を出発

し、まっすぐ南に行くと三田線の大手町駅がある。そこから千代田線の二重橋前駅までは殺風景な景色が続く。壁には何も貼られておらず、人も足早に歩くだけだ。しかし、南北に並行して走る千代田線と三田線に有楽町線と日比谷線が直角に交差するあたりから、近くの劇場のポスターが壁に貼られ、喫茶店やキオスクが姿を現し始める。

有楽町駅を左に見ながら50メートルほど進むと今度は日比谷線の日比谷駅が見えてくる。千代田線の日比谷線の手前で左に曲がり、日比谷線の日比谷駅を過ぎたあたりは、もう完全な地下街である。カレー屋や回転寿司屋、喫茶店、居酒屋が軒を並べ、呼び込みの姿も見受けられる。商業ビルの地下と繋がっているからこその光景である。そして丸ノ内線の銀座駅を過ぎ、銀座線の銀座駅までの間が、このコンコース最大の繁華街となる。

地上は西銀座数寄屋橋交差点。飲食店の入り口があちこちに見え、旅行会社のカウンターも並んでいる。ステンドグラスのモニュメントを過ぎる頃には雰囲気

▲大手町駅で東西線から千代田線のホームへ向かうコンコース。このような道が日比谷線の東銀座駅まで続いている。

がだいぶ落ち着き、壁はギャラリーとなっている。

南北に走る都営浅草線と日比谷線が交差したところが東銀座駅。そこからさらに南東へ行けば、日比谷線・東銀座駅。地下散歩コースの終点である。距離は3キロちょっと。早歩きで20分少々の道のりだ。

駅と駅を結ぶ通路もすっかりきれいにつながってはいるが、地下空間には我々一般人には見えない部分が存在する。そして、その見えない空間ははなんらかの形で有効利用されているはずである。

一般人には見ることのできないコンコースの裏側

コンコースで我々が見ることができるのは、全体の3分の2ほどでしかない。それ以外は一般人の立ち入りが禁じられているからである。

コンコースというのは、一見清潔に見える。トイレを掃除している清掃員をたまに見かける程度で、あとは、ゴミひとつ落ちていないほどきれいに保たれている。地下の飲食店街などでは、居酒屋やファーストフード、回転寿司店まであるというのに、その臭いすら感じないのは、コンコースの壁の向こう側に、隠れた地下空間があるからに他ならないのだ。

大手町周辺の昼間の人口は100万人近くに上るそうだ。それなのに新宿や池袋のように雑多な感じがしないのは、地下街と地下鉄駅、そして巨大なコンコースがゴミや雑多な部分を隠しているからである。飲食店店主や従業員の通用口、そしてゴミの搬入通路など、我々の目に付かない空間が地下にはまだまだ存在する。ならば、と大手町の地下街で10年も居酒屋を営む店主に聞いてみた。大手町の地下がどのくらいの広さなのか、と。

「ゴミの出し口や業務用の搬入口を我々は毎日利用していますが、それ以外はよくわかりません。緊急の出口？　飲食店が共用しているところがありますが、それ以外はわからないねぇ。もし火事が起きたら、お客さんを逃がすための出口は厨房の奥にありますよ。幸いなことにまだ、一度も使ったことはありませんけどね…」

その地上に出るための道はまるで迷路のようだと店主は言う。それがコンコースの裏側に広がっているのだ。

有事の際、日本の鍵となる大手町の企業群

一方で地上はどうだろう。大手町駅は、大手町ビルとみずほ銀行を真ん中に入れた四角形で形成されている。そして、その外側をＵＦＪ、三井住友、りそなという旧財閥系の銀行と産経新聞、読売新聞という保守系新聞社に囲まれている。東西線の駅の上は日本の武器産業を担う石川島播磨重工業だ。世界経済にまだまだ大きな影響力を持つ金融会社と、ニュースを送る新聞社、そして日本有数の重工機メーカー。それらが共同でシェルターを作っているのではないかと、勘ぐりたくなるのも無理からぬ話であろう。

この大手町周辺は戦前、皇居の一部として国有地だった。それが切り売りされ

たものを旧財閥が購入してビルを建設したのだ。これが巨大地下街建造への第一歩となった。

計画スタート時にはライバルだった会社が揃いも揃ってという感じはするが、中国の易学・風水が、どうやらその不思議な共存に一役買っているらしい。大手町は風水的に最高の立地条件なのである。

何にせよ有事の際、挙国一致体制となれば、この大手町にある企業が日本と東京を守るため活発に動き出すのである。そうしなければ、自分たちの身も危うくなるからではあるが。

また、金融会社は世界中とマーケットで繋がっている。広大な市場であるアジア経済の主役、日本のマーケットが有事で動かなくなれば、世界金融にとっても一大事。彼らが日本を放っておくわけがない。アメリカ資本のコングロマリット（多国籍複合企業）に借りができてしまうとはいえ、この大手町の企業群が東京を救う鍵になることは間違いない。そう考えれば、金融が持っている世界へのパイプは、政治とは別のところで、日本を守っていると言える。

戦後の日本の繁栄を作り出すことになった旧財閥群と報道機関が存在する大手町。有事の際、日本と東京を救うことになるかもしれない政治とは別のルート。そして、それらすべてを包括する巨大な地下街。その全貌を知る人間はいったいどれほどいるのだろうか?

見えない地下街を想像すると、高層ビルを見上げた時と同じ立ちくらみがしてしまうのは、筆者だけではあるまい。

小規模な駅に隠された謎

地下鉄半蔵門駅に存在する地下シェルター

地下鉄半蔵門線・半蔵門駅には地下シェルターが存在すると噂されている。近くには他にも大型駅があるのに、なぜこの駅ばかりが噂に上がるのであろうか。

民有地の下を頻繁に通過する半蔵門線

地下鉄の駅にシェルターが備わっているとの都市伝説が、人々の間でまことしやかに語られている。すでに紹介した東京メトロ有楽町線の桜田門駅、有楽町線と東京メトロ南北線が平行になって走る市ヶ谷駅、さらに東京メトロ半蔵門線と有楽町線と南北線がクロスする永田町駅。これらはいずれも大型の駅で、東京のVIPが集うポイントに位置している。

それに比べ、半蔵門線の半蔵門駅だけはひとつのラインの小さな駅である。ホームがあるのは地下3階。決して深くないというのに、この駅にもかねてよりシェルターがあるという噂があるのだ。

半蔵門線の計画が浮上したのは、1968年。二子多摩川から三軒茶屋、渋谷、永田町、大手町、水天宮前を通るという案だった。工事は遅れに遅れながら、まず1978年に渋谷から青山一丁目間が開業した。さらに5年後、半蔵門駅までが開通。だが、ここで工事がストップしてしまう。九段付近で民有地の地下を通過することに対して周辺住民が反対運動を起こしたからだ。

現在の地図を見れば、大妻通りから靖国通りに差し掛かるところで確かに民有地の下を通っている。

実はこの反対運動が激しくなったのは、路線が発表されてからすぐではなく、工事が始まってしばらくして、周辺住民が「夜中に何か音が聞こえる」と訴えてからのことだ。「何か」とは、工事の音なのだろうが、それがある日、突然、聞こえるようになったというのだ。

しかし、営団（当時）は、なぜこのコースをとったのか？　ここで民有地の下を潜らなくとも、少しきついカーブにはなるが、あと180メートルで靖国通りと合流する。靖国通りの下には、すでに都営新宿線が完成していたが、半蔵門線は新宿線とそのまま九段下駅まで並行して走ることになっている。したがって、民有地の下を避けることは可能だったはずなのだ。

つまりは民有地の下を通らねばならない理由があったのだ。その理由とは、表ざたにできない施設、つまりシェルターや、秘密にされた地下道へと乗り入れるためと考えるのが自然である。

しかもこれだけではない。この半蔵門線には、まだ奇妙なルートがある。

半蔵門線は神保町を過ぎると、再び民営地の下を通り始める。ここではなぜか住民の反対運動というものはおきていない。というのもこちらでは、地中からの騒音がなかったからである。半蔵門線は、東京メトロの中では、南北線に続いて若

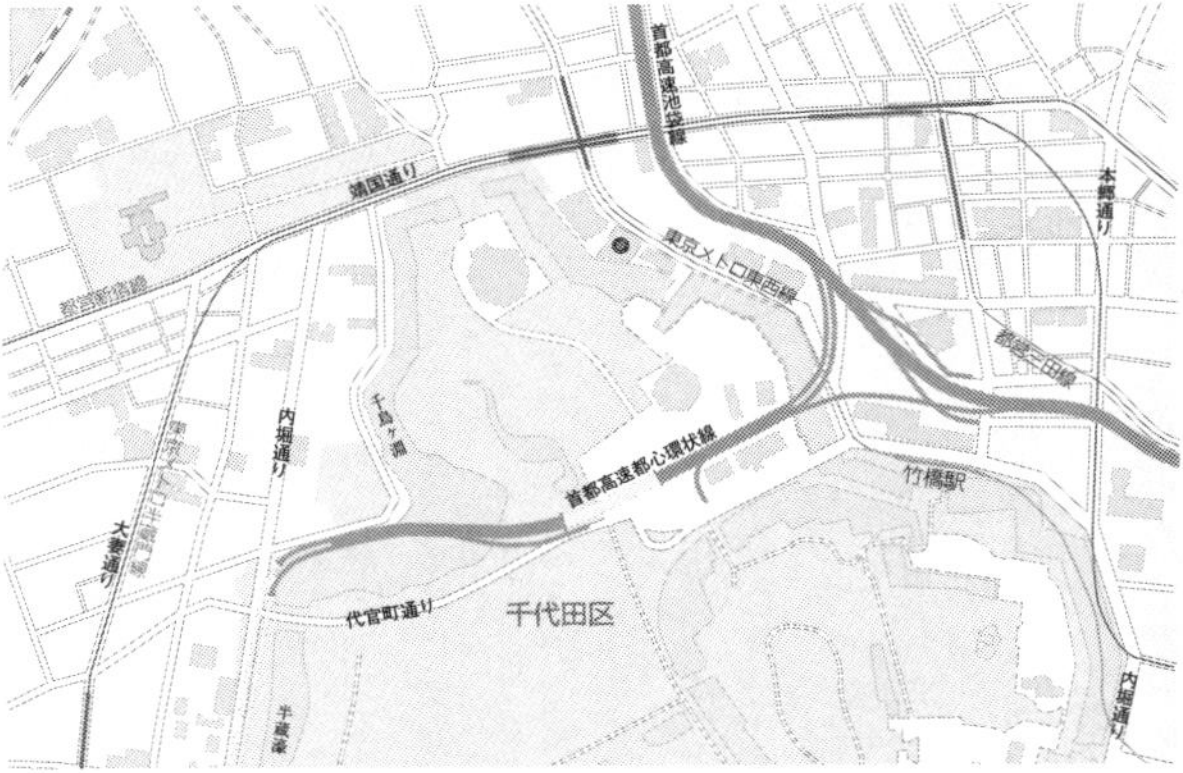

▲半蔵門から九段下にかけての地図。大妻通りから靖国通りにかけて半蔵門線が民有地の下を通ったために、住民が反発した。

い線だ。したがって、工事はかなり地中深いところで行っている。

それでは九段下周辺の騒音は、いったいどこから聞こえてきた音なのであろうか？

東京の地下には、古くは江戸時代、あるいは第２次世界大戦前などに作られた地下壕が数多く残されているという。実際、都営大江戸線はそうした地下壕を繋いで出来上がったものだ。半蔵門線もおそらくいくつかの駅はそうした地下壕だったものだろう。

だとしたら件（くだん）の夜の音というのは、地下鉄とは関係のない地下壕があり、そこで何かの工事をしていたのではないか。

こうして考えていくと、なにかしらの地下壕を発見してシェルターに変えていた、という話の信憑性は、いやでも高くなってくる。

シェルターを持つのは、何もＶＩＰだけではない。民間の団体の資金によって建設されているシェルターがあってもおかしくはない。

ここで、九段下にある靖国神社という重要な建造物のことを考えなければならない。

靖国神社というのは、第２次世界大戦までの戦没者を祀ってある。現在の日本では大変神聖視されている場所である。政治家がここに足を踏み入れれば、すぐにタカ派扱いされる、リトマス試験紙のような場所でもある。

ある右翼団体構成員によれば、靖国神社に奉られている戦没者は、天皇制と同じくらいに重要だという。

「日本のために身を捧げた人たちの命が永遠の眠りについているところ。ここで何かを犯すような奴がいれば、日本中の右翼だけでなく、戦没者の近親の方々が黙ってはいない」（右翼団体構成員）

確かにかつての左翼系過激派団体なども、天皇を平気で批判したし、いろいろな場所でデモを行っているが、靖国神社だけには触れていない。「靖国をお守りしたいという右翼団体はいくらでもある。いや右翼でなくてもなんらかの政治結社、神道に関する団体がこぞって手をあげている。だけど、今のところは国のものとなっている。残念でならない」（前出・右翼団体構成員）

ひょっとしたらそのような人たちが地下壕を用意することは？

「可能性としてはおおいにありうる」（前出・右翼団体構成員）

▲半蔵門駅のそばにあるイギリス大使館。アメリカ同様に、日本とは第２次世界大戦前から深い関係にある。

とその疑惑を口にしている。

高輪にある神社には、地下に巨大な変電施設があるという。それを鑑（かんが）みれば、靖国神社の地下にシェルターがあってもなんらおかしくはない。

最後に事実として報告しておこう。

半蔵門の駅を挟んで、数１００メートル間は、地下鉄の運転手には徐行運転が義務付けられている。実際に乗ってみるとすぐに体感できる。むろん、その理由は明らかにされていない。

地下鉄サリン事件で狙われた

日本の行政・司法の中心地「霞ヶ関」

財務省・外務省に代表される中央官庁が集中する霞ヶ関。国会議事堂と並び、日本を動かす中心地である。この駅は防空壕を改築してできたと言われているが…。

いびつな構造を持つ千代田線の霞ヶ関駅

東京メトロ丸ノ内線、日比谷線、千代田線という3つの路線が通る霞ヶ関駅は、乗り換えの難所として知られている。

まずもっともよく指摘されるのは、千代田線のプラットホームが地下1階にあることだ。改札を通るためにはいったん地下2階へ行き、改札を抜ける。そして外に出るためにはそれから再び地上に上がらなければならない。

千代田線から丸ノ内線に乗り換えようとすれば、一度、地下2階まで下りてから、さらに地下3階まで行き、日比谷線のプラットホームを歩いてから地下1階へ。再び地下2階に下りてようやく丸ノ内線のホームにたどり着ける。歩くと5分以上かかる。

駅ができたのは丸ノ内線が最も早く、次いで日比谷線、最後に千代田線という順である。日比谷線の建設中には、すでに千代田線の建設は決定していた。そのために改札を地下1階にし、ホームを地下3階に。空いている地下1階を千代田線に割り当てたという。

B1からB6まで一気に潜る霞ヶ関――国会議事堂

千代田線・霞ヶ関駅の隣駅である国会議事堂前駅は、東京メトロでは1番深い地下6階にある。国会議事堂周辺は政治家をはじめとするVIPの身を守るために第2次世界大戦前から数多くの防空壕が掘られていたところだ。

国会議事堂周辺は、地下の利用が大変進んでいる密集地域でもある。それゆえに千代田線の駅が深くなる理由はわかる。しかし、なぜ霞ヶ関からたったひと駅の間に地下1階から地下6階までの落差を設けなければならなかったのか、理由がまったくわからない。これだけの深さの差があると、当然、車体にも無理がかかる。霞ヶ関から国会議事堂に向かう際には、下り坂でのスピードの出しすぎを防ぐために千代田線の車体が「キ、キー」というブレーキ音を鳴り響かせるほどだ。

もともとこの国会議事堂が深い地下にできることがわかっていたのならば、霞ヶ関駅で、日比谷線を建設する際に改札を地下1階、ホームを地下3階にし、地下1階に千代田線を建設したりせずにそのまま地下3階を走らせればいいハズではないか。

千代田線以外にも地下鉄でホームのほうが上で改札がその下という駅が3つある。銀座線、半蔵門線の表参道駅。銀座線の溜池山王駅。都営浅草線の押上駅である。

このうち、表参道駅には千代田線も通っているが、こちらは改札のある階がホームより上という当たり前の構図になっている。

しかし、それにしてもなぜ地下鉄駅のホームから地上に出るために、一度下に降りなければならない構造にするのだろうか。これでは客が混乱を起こしても仕方がない。

東京メトロに問い合わせても、「すべての回答が同じにはならないが、まず乗り換え通路との関係によってそう作らなければならなかったものと、より深い他の線との乗り換えコンコースを中間に作り、そこに改札を作ったものの2種類に分けられますね。さらに都市開発上の理由もあります」

と、理解しづらい答えが返ってきた。

ただ言えるのは「都市開発上」の理由とは、他の駅ではなく、他の建物の地下、つまり国会議事堂周辺に数多く掘られているという地下設備のことだろう。第3章で詳しく述べるが、国会議事堂の地下にはさまざまな地下道があるのだ。

それにしても千代田線・霞ヶ関駅のナゾは解けない。鉄道ファンの間でも、この霞ヶ関駅についてはっきりした解答を持っている者はいない。

ただ、可能性として挙げるならば、1つは土が石のように固く、現在の地下鉄トンネルを掘る技術では無理だったか予算がかかりすぎるために迂回をした場合。そして、地下に歴史的に重要なものが埋まっていて、それを避けなければならなかったという場合が考えられる。

地下鉄建設においては、事前に予想で

▲ホームから地上に出るためには一度下に降りなければならない千代田線・霞ヶ関駅の階段。どうしてこのような作りになったのだろうか。

きなかったことが当たり前のように起きる。測量をして、予定通りに掘り進んでいても、数センチの狂いが生じることもある。見えない地下を掘り進むというのは、相当の技術を持ってしても容易ではないのだ。

東京メトロもどういった理由で、あんな不自由な作りになったか、はっきりとした理由を明かすべきではないだろうか。

過去の事故から見る
密閉された地下鉄の安全対策

日本の列車には安全神話というものがある。諸外国に比べると圧倒的に死傷者が少なく、新幹線に至っては開業以来、死者がいない。さてそんな日本の列車だが、もし地下鉄がテロリストに狙われたらどうなるのであろうか。

地下鉄サリン事件を轍として警備を強化

日本の地下鉄の歴史は、すでに80年にもわたるが、その中で死亡者を出した事件・事故というのは数少ない。もっとも悲惨だったのはカルト教団、オウム真理教による地下鉄サリン事件だった。

1995年3月20日、午前8時過ぎ、日比谷線・千代田線・丸ノ内線など、5本の列車で毒ガスであるサリンが撒かれるという事件が発生した。5本の列車はすべて同じ時刻に官庁街である霞ヶ関に到着する予定だった。

事件を起こしたのはオウム真理教の信者たちで、各路線に乗ったメンバーはサリンの入ったビニール袋に傘を突き刺し逃走した。サリンが空気中に撒かれるや、乗客や駅員は異常に気づきパニックに陥ってしまった。パトカーや救急車、消防車、自衛隊の化学処理班も出動するなど、朝のオフィス街は混乱の渦に飲み込まれた。

結局、乗客・駅員など12名が死亡、

5500人以上が重軽傷を負い、いまだに後遺症に苦しんでいる人も少なくない。

オウム事件以降、地下鉄はゴミ箱を撤去、可燃物が見当たらないという安全対策にも抜け目がないように思われる。

ところが、海外の例を見ると、意外な盲点があることがわかる。

03年2月18日、韓国のテグ市の地下鉄1号線で乗客の1人が、持ち込んだガソリンを車内に撒き、ライターで火をつけるという事件が発生した。テグ市の事件は、服への延焼が事件の規模を大きくするきっかけとなった。

着ている服に火がつけば誰であってもまずパニックに陥る。消火器が積まれてなかったため、次から次へと燃え広がりそれを消す術がなかった。

さらに運転手がドアのマスター・キーを持ったまま逃げ出してしまったため、ドアを開けることができず、乗客は火の広がる中で苦しむというまさに地獄絵図だったという。

最終的に死亡者は200人、負傷者150人という大惨事になってしまった。

プラットホームに可燃物となるものを置かないというのは、テロ対策が取られている地下鉄の常識だが、車内にはけっこう燃えるものがある。

まず中刷り広告。これは一瞬で火がつく。

次に座席のソファ。激しく燃え上がることはないが、化学繊維を使っていることもあり、有毒ガスの発生も心配されている。

そして乗客の着ている服。ガソリンを被ったところに火が及べばすぐに炎を巻き上げる。

周到に計画されたサリン事件より、韓国の事件のほうが死傷者数でははるかに勝る。

地下鉄は火に弱い。そして乗客が服を着ている以上、可燃物は存在する。捨身のテロ行為が地下鉄車内で行われたら、その時、対応策はあるのだろうか。

残念ながら、現段階では対策はないと言わざるを得ない。

浸水・脱線対策はほぼ万全

その他の地下鉄の事故を見てみよう。78年2月28日、東西線の葛西駅を出発した中野方面行き電車が台風による強風のあおりを受け、脱線するという事件があったが、幸いにも死亡者は出さなかった。

また00年3月8日、日比谷線・中目黒駅の手前で北千住発、菊名行きの列車の最後尾、8号車が脱線した。

そこに中目黒を出て恵比寿駅へと向かう対向列車の5両目と6両目が衝突、大破した。死者5名、負傷者60名。事故という観点から見ると、これが史上最悪のものだ。

その後、このような衝突がないよう線路が点検・修理されるなどの対策が取られている。

海外では地下鉄が大雨による洪水で浸水した、あるいは水に濡れた結果、送電がストップしたというニュースがしばしば報じられているが、日本では南北線の溜池山王駅で浸水事件があったくらいで、地下鉄の事件は極めて少ない。

▲溜池山王駅で浸水を防ごうとする駅員。かつては赤坂見付駅が水没するなど安全性に問題があったが、現在では地下に溜池などができて地下鉄駅への浸水は減っている。

浸水に関して、東京都は環状7号線の地下45メートルの地点に下水の溜池を建設中で（一部はすでに使われている）、1時間に50ミリの雨が降っても、地下鉄はもちろん、都内のあらゆる地下街が浸水する心配はなくなりつつある。

テロに対する対策が脆弱な地下鉄であるが、浸水と脱線については、安全と言っても間違いなさそうだ。

地下鉄はBC兵器のかっこうの餌食に

もし地下鉄でB（バイオ）・C（ケミカル）兵器を使用されたら…。地下鉄サリン事件を見てもわかるように、その被害は甚大なものとなる。その対策はどのように取られているのだろうか。

地下鉄サリン事件は地下鉄史上最悪の出来事だった。地下鉄という気密性の高い空間の中に毒薬をまくという無差別テロを行うのは、世界的にも前例がなく、世界中のメディアがサリン事件について報道し、地下鉄という空間の恐ろしさについて触れていた。

それでは現在、日本の地下鉄はBC兵器を使ったテロに対してなんらかの対策を施しているのかといえば、特別な用意というものはない。なぜならば、採算性を考慮すると大きな赤字となってしまうからだ。その結果、ほとんどの地下鉄は（むろん日本だけでなく世界中も）乗務員、駅員に危険物の情報を教育することで対応しているのが現状だ。

ただ、地下鉄以外の密封空間、たとえばドーム球場、体育館、コンサート・ホール、映画館などへのテロ攻撃も考えられるために、消防庁や自衛隊はBC兵器に対応できる防護マスクや防護服を用意するようになった。

日本は火災の多い国であるために、諸外国に比べ基本的な防災装備は優れている。特に消防庁のBC対策服は完全密閉に近く、最終的な処理まで行える備えをしている。

ビル火災でも壁紙の燃焼による有毒ガスの発生などを経験しているために、酸素ボンベを含めた全身を覆う耐熱服を装備する特別隊が常時、緊急出動できる体制だ。

今後も、地下鉄での不測の事態は十分に予想されている。

たとえば、２０００年くらいから東南アジアで発生し始めた新型肺炎（ＳＡＲＳ）などは、地下鉄で感染することが多い。

２００４年の香港の衛星テレビで放映されているニュース番組『鳳凰衛視中文台』では、５月３日、北京市内のＳＡＲＳ感染率が地下鉄沿線で高いと報道した。これは、北京市の共産党書記・劉淇氏が５月１日に北京市のＳＡＲＳ治療施設を視察したとき、関連部門の責任者が明らかにした内容である。

北京市では、２００４年５月３日までにＳＡＲＳ感染者数が１７１４人に達している。そのうち、地下鉄が通っている地域の感染者数は１２６１人と、全体の72・４パーセントを占めている。

理由としては、地下鉄は多くの人で混雑するうえ、構内に空気がこもりやすいこと、さらに、地下鉄の車両は密封されているために特に感染しやすいとの報告を残している。

１００年以上前、世界初の地下鉄を走らせたのは、イギリスの首都、ロンドンだった。最初は機関車をそのまま乗り入れたために煤煙がひどく、操縦士や乗客に肺の病気を患う人が続出した。

しかし、すぐに電化され、煤煙の問題はなくなった。それでも、地下鉄で伝染病がうつるというのは、定説だった。

さて、では、日本の地下鉄はどうなのだろう。地下鉄は昭和30年代くらいまで「夏涼しく冬暖かい」という評判を得ていた。

この頃は、地下鉄にはほとんど換気のための施設がなかった。ただトンネルを掘って電車を走らせるというだけの原始的なもので、換気や空調というものには、ほんの少ししか注意が払われていなかった。

しかし、利用者の増加、温暖化のために、夏はあまりに暑すぎるという苦情が出て、冷房を取り入れることになる。

この際に同時に始まったのが、換気や空調対策である。換気、空調が悪いと、暑いだけでなく、各種の雑菌が繁殖し、地下鉄に乗っただけでインフルエンザや皮膚病、目の結膜炎に罹ってしまうことも多かったという。

ただし、車両には冷房はつけず、最初の冷房は地下鉄の駅全体を冷房化した。車両の冷房には窓を開けて冷気を車内に入れる通称〝トンネル冷房〟というものだった。

初めてのトンネル冷房が始まったのは1970年のことだ。車両だけを冷房化すると、車体の廃熱がトンネル内にこもり、駅に持ち込まれることとなる。これでは地下鉄駅はさらに暑くなることになり、同時に換気の悪さに拍車をかけることになったからだ。

まだ最初の頃は駅だけの冷房だから、冷房をしていない駅に乗り入れると暑くなってしまい、評判が悪かった。営団地下鉄、都営地下鉄とも、全駅の冷房化を

▲もし、気密性の高い地下鉄の駅でＢＣ兵器を使用されたら…。地下鉄サリン事件のような惨事が再び要塞都市・東京を襲うのだ。

急いだ。同時に換気、空調にも手を加えなければならなかった。

冷房、換気、空調は〝トンネル冷房〟が完了する前に方向転換され、１９８８年から車両も駅も冷房、換気をおこなうようになったのだ。

地下鉄の駅冷房の発展で衛生面は改善され、それにともない換気空調設備を強化。夏場でも快適になってはいるが、ＢＣ兵器の対策としてはものたりない。

都内に点在する地下空間

地下鉄の車庫に隠された使用法

東京都内の公園の下には、地下車庫のある場所がある。大江戸線の木場車庫を使った自衛隊の訓練の話はすでに述べたが、その他の地下鉄の車庫はどのように使用されているのだろうか。

代々木公園の下には巨大な地下鉄の車庫がある

地下鉄の修理、修繕から地下路線への乗り入れが行われている場所は意外に多い。たとえば三鷹駅にはJRと共同の車庫があり、東西線の車両が留置されている。

また、綾瀬には千代田線の修繕工場があり、そこで終電から翌朝の始発まで休んでいる車両を見かけることができる。

しかし、地下鉄の車両の修理を行うのはなかなか場所をとるものである。

そこで現在では、地下鉄を掘ったついでに車両基地まで作って、管理修繕を行うというところが増えてきている。

まずよく知られているのが、渋谷の代々木公園の地下。なんと10両編成が8本分収容できる留置線が作られているのだ。

ここは秘密の地下施設といった類のものではなく、東京メトロもその存在を認めている公然たる施設である。

だが、代々木公園のどこにその地下車

▲都心の憩いの場として人気のある代々木公園。この下には地下鉄の巨大な操車場がある。

両基地があるのか、代々木公園をいろいろ探してみたが、入り口らしきものを見つけることはできなかった。むろん関係者でもない人間が簡単に入れるはずもないのだが、入り口がないというのはけっこう秘密めいていて好奇心を刺激されるものだ。

改札の職員に聞いてみても教えてくれなかったが、地上から直接入る場所がないということは、最も近い駅の明治神宮前駅か、代々木公園駅からレールの敷かれた地下を歩いて行くということになるのだろう。

続いて知られているのは、江東区の木場公園だ。地図を見てみると、木場公園周辺には地下鉄は走っていない。もっとも近い地下鉄の設備は大江戸線の木場車庫。都営地下鉄の関係者によると、大江戸線の清澄白川駅の南側で分岐された線に東西線が乗り込み、車庫に向かって伸びているという。地図上にはまったく書かれていない1キロほどの地下鉄ラインが走っているというわけだ。

この木場倉庫には地下1階に8両編成8本の留置線と10本の走査線、地下2階には17本の留置線と4本の走査線があるという。ここもまた、入り口となる場所はまったく見当たらない。最寄の駅から1キロ近く暗闇を歩くというのも恐ろしい話だ。恐らく近くの雑居ビルの中にでも地下への入り口が用意されているのだろう。

先にこれらの施設は秘密ではないと書いたが、地下鉄職員以外が実際に中を見ることができるのか？ 問い合わせてみたが、答えは「前例がないし、許可されていない」ということだった。

広大な地下空間は有事の際の地下基地だ！

発表されている数字でもかなりの広さを持つ地下車両基地だが、本当にそれだけなのだろうか。

本書では、あらゆるもの、出来事を「有事の際」という前提で見ることにしているが、これだけのスペース、特に木場公園の地下が地下鉄のためだけの施設というのは、信じがたい。

東京湾のそばにあるため、敵が上陸する際の前線における地下基地となるのはもちろん、大地震などの災害時には被害が甚大になるといわれている場所のそばだけに、最大限活用されるであろう。

朝霞、練馬の基地から地下鉄を使って人員が運ばれてくるだろうし、有事に備えて、現時点でも武器を装備しているのはほぼ事実といっていい。いや、この地下基地を作る際、最強だが、重すぎて移動が不便といわれている90式戦車が、すでに運び込まれている可能性も否定できない。

90式戦車が突然現れるようなことになったら、敵軍はおそらくパニック状態に陥り、最小限の戦いでことを収めることができる。

東京メトロでは、ほかにも南北線の王子検車区が地下式となっている。ここは十条の陸上部隊からわずか1キロほどしか離れていない。陸上部隊の武器や弾薬庫への転用は、すぐにでも可能である。

このほか、都営地下鉄の車庫でも地下の空間利用の例が多いという。新宿線の大島車庫は漠然と見ていると公園のようになっているが、実は地上1階・地下1階の二層式の車庫で、公園部分は地上2階になるというカモフラージュなのである。三田線は志村車庫が地盤で覆われ、その上には都営住宅が建っている。

▲大江戸線の車庫がある木場公園。ここには東京都現代美術館や野外ステージなどがある。

最大深度42・3メートル

地下鉄はシェルターとなりうるか？

東京のように地下鉄が密集している他国のテロ対策はどうなのだろう？　頻発するテロと長年闘ってきたイギリスから、地下鉄のテロに有効な対策を見てみたい。

欧米では100年以上も前から地下を利用してきた

東京都内の地下に広大な土地があるのだから、これを避難場所、つまりシェルターとして利用はできないだろうか。

海外の映画や小説では、地下を舞台にした作品が数多くある。ただ、これはほとんどがヨーロッパの作品に限ったことであり、他の地域を舞台にしたものではありえない。

その理由はロンドンやパリ、ローマといった都市は上下水道、地下鉄以外にも、すでに100年以上も前から地下を利用しての物資の運搬が当たり前のものだったからである。

ヨーロッパには、キリスト教の広まりとともに地下墓所であるカタコンベが広まっていったという歴史もある。キリスト教が時の権力者に迫害された際、信者たちの〝隠れ家〟として非常に役立ったとされる場所である。

そして、地下の大規模な利用を決定付けたのが、14世紀半ばにヨーロッパで3000万人もの命を奪ったペストの流行だ。当時は上下水道もなく、排泄物を道に捨てていた。その結果、ネズミを媒介としてペストが猛威をふるい、大勢の犠牲者を出した。その反省から上下水道を始めとする、大規模な地下の利用がスタートしたのだ。

西ヨーロッパの国々を旅行した人ならわかると思うが、街中が実にすっきりしている印象を受ける。それは日本では当たり前にそびえ立っている電柱がないからである。送電線や電話線、最近ではケーブルテレビの回線。こういったものが、すべて地下を伝っているのである。地下の開発という観点から見れば、日本はまだまだ歴史が浅いのだ。

東京でも最近は繁華街から電柱が消えつつあるが、まだまだ世田谷、杉並といった住宅街の送電中継施設は電柱が主流である。

地下の利用は、先進国の中でもイギリスのロンドンが進んでおり、郵便システムにも地下が利用されている。ポストに放り込まれた手紙を回収し、地域の局に集めた後は中央局に地下道を使って運搬され、行き先ごとに分けられた郵便物は再び地下を使って地方の局に届けられ、そこからは自転車に乗った郵便局員が玄関まで配達するという仕組みだ。

さて、本題に戻るとしよう。地下鉄はシェルターとなりえるだろうか。答えは半分イエスであり、半分はノーといったところだ。

第2次世界大戦の際、当時史上最強の軍隊と称されたナチスドイツは、隣国フランスをあっさり占領したものの、ドーバー海峡を越えてイギリスに攻め入ることができなかった。

したがってイギリスの戦意をそぐべく、制空権を握って、ロンドンを始めとする都市を絨毯爆撃で破壊したのである。

空爆は熾烈を極めたが、ロンドンでは多くの人々が地下鉄の中に逃げ込み、その身を守ったのである。排泄物はバケツに入れ、飲み水は地下の水道管を引っ張ってきてのどの渇きを癒した。

当時の爆撃は基本的に昼間行うもので、夜は比較的安全だった。そのため一日中、地下鉄の構内で過ごしたわけでもないが、長い人はひと月あまりも地下鉄のシェルター暮らしを経験したという。つまり上空からの爆弾に対しては、短期間なら充分にシェルターとして使えたのである。

しかし、兵器は2次世界大戦の頃と現代では大きな違いがある。たとえば原子爆弾を落とされたとしよう。地下20メートルくらいならば、直接的な被害を受けることはない。地下鉄の中はちょっとぐらつくぐらいのものだ。しかし問題はその後だ。すぐに外に出てしまえば、強い放射能を浴びてしまう。また、中に留まっていても、換気がされている以上、いずれは汚染された空気を吸うことになる。

それでは換気をストップしてしまうか？　いやいや、それではだんだん空気が薄くなり、やがては窒息死をするハメになる。

これは生物、化学兵器を使われたときも同じである。爆弾で化学兵器を撒き散らされたら、一瞬の間、逃げ込む分にはいいだろう。だが、特に化学兵器は空気よりも重い（空気より軽いと空に飛んでいってしまう）。数時間で換気口を伝って地下鉄構内に侵入するのは間違いない。

▲地上から 42.3 メートルもの地下に位置する大江戸線・六本木駅のホーム。この深さなら核兵器の第一波は確実に防げる。

生物兵器は吸い込まなくても触れるだけで害を及ぼすものも多いから、空気ボンべを持っていたところで意味はなくなってしまう。

地下鉄というのは、一時しのぎの盾にはなりえるが、長時間、身を守ることはできない、したがって、半分はイエス、半分はノーということになるのだ。

地下を見続ける男

秋庭俊が語る要塞都市・東京、真実の姿

長年国民の目から隠されてきた謎をすべて表に出すことが僕の使命

――秋庭さんといえば〝地下〟ですが、秋庭さんの目から見て、首都の防衛に役立ちそうな地下施設ってありますか？

ええ、もちろん。まず地下鉄は間違いないでしょうね。第2次世界大戦の頃のイギリスでは、ロンドンがドイツ軍に空襲されたとき、身を守るために地下鉄を利用した実績がありますから。

――日本では地下鉄を利用した例はないのでしょうか。

地下鉄・銀座線は昭和14年には全線開通していたので、防空壕の代わりとして利用できたはずでした。が、実際に空襲になると、住民はパニックに陥ってしまうわけです。ひどい話ですが日本では収拾がつかなくなることを危惧して、地下鉄を開放せずに、中に入ってくる人を追い返してしまったのです。もし開放していれば、何千人という単位で死傷者は減ったでしょうね。

――現在の地下鉄ではどうでしょうか？

丸ノ内線、有楽町線などにも怪しい場所はありますが、とくに大江戸線にはブラックボックスがたくさんありますね。深いところを走るのは後発の地下鉄の宿

命なのですが、それにしても深すぎる。六本木駅なんて地上から42メートルも下にあるんですよ。日比谷線は地下2階の比較的浅いところを走っているにも関わらず、です。六本木に限らずほかの駅の構造もちょっとおかしい。ほかの地下鉄との間に距離がありすぎますから、その間には隠蔽されたものが確実にあるはずです。

――ほかにも東京には知られていないものがあるのでしょうか？

たくさんありますよ。地下建築物は地下鉄、地下道、下水道、地下街などがあります。このすべてが表に出されているわけではない。具体的な例を挙げましょうか。私がこの仕事をするようになって、国会議事堂に出入りする人たちにいろいろ話を聞いたところ、国会議事堂の敷地内で〝館〟という名のつくところには、ほとんど地下道があるということがわかりました。たとえば参議院と衆議院の議員会〝館〟や別〝館〟。もちろん首相官邸にも地下道はあります。永田町近辺の地下開発は今も進んでいます。

――2001年の4月から、地表から40メートル以上の深さを、行政が自由に利用できる〝大深度地下利用法〟という法律が成立しましたが。

あれはひどい法律ですね。〝地表から40メートル以上の深度は地権者の許可を得なくても、国土交通大臣または都道府県の知事の認可によって開発できる〟と言うものですが、今までは民家の下を通る場合、ウン千万円の補償が必要だったのに、これからは原則補償なしで行政側の思うがままに地下を利用できるってわけですからね。自分の家の下に何を作られても〝大深度〟である限り文句は言えなくなってしまう。

――なるほど。ちょっと前にニュースになった日野の地下道のようなものを、密かに建設できるようになるわけですね。

そうです。あの地下道はすごいですよ。大型トラックがすれ違えるくらいの道幅がありますから。ほかにも国際基督教大学から三鷹方面へ向かっても地下道が伸びていますので、大深度地下利用法により、いっそう地下が整備されることは間違いありません。

テロ・戦争・事故において一番被害が甚大なのはお台場だ!

――秋庭さんの目から見て、テロや戦争時に狙われたら危ない場所ってありますか?

お台場近辺でしょう。あの辺りには、地下を通る道路があって、なおかつ人が住んでいるところでも海抜以下のところが多いですから。トンネルや堤防が決壊したら江戸川区や江東区などはあっと言う間に水びたしになってしまいますよ。

――ずいぶん前ですけど、赤坂見附駅が水没するという事故もありましたよね。

ありましたね。表向きは大雨のせいだって発表していますが、実は南北線のトンネルの建設現場から浸水したものなんですよ。単なるミス。いま、地下を追いかける身になって、あのときのことを聞こうと営団(現・東京メトロ)関係者に尋ねてみたんですけど、みんな頑としてしゃべろうとしない。たぶん相当な箝口令が敷かれていたんでしょうね。地下鉄は防水扉というものを設置しているんだけど、もしお台場でテロや事故があったらそんなものは無意味に近いですよね。海と一体化してしまうわけですから、排水設備のキャパシティは完全に超えてしまいます。排水できないとなれば、地下鉄が停まって、都心の交通網は完全に麻痺してしまいます。

――その対策はないんでしょうか。

ないでしょう。地下鉄ではいろいろな災害対策を取っていますが、ここまでのことが起きることを想定して地下鉄は作られていませんから。

国家機密に属する地図は歴史的に改ざんされ続けてきた

――秋庭さんは著書で、重要な資料として地図を使っていらっしゃいますが？

非常に重要です。地図は国家機密に属するもので、日本で、とは言いませんが、改ざん、地図用語で言う〝改描〟が恒常的に行われています。私がテレビ朝日にいたとき、ベトナムのハノイに駐在していたことがあるのですが、地図が欲しくて注文したことがあったんです。でもなぜか市販されていない。なんとか注文して、市街図を買ったのですが、その地図を元に街を歩いているとどうもおかしい。寸法が合っている道もあれば、地図で見た場合と、実際の距離の比率が2倍くらいちがう道もあるのです。

――日本でも改描が行われているのでしょうか？

明治時代などは日本でも普通に行われ

てましたよ。改描の最たるものは詳細を書き込まないということです。昔の地図では皇居や新宿御苑などの施設の詳細は書き込まれずに、白いまま掲載されています。現在の地図でも、出版社によって微妙に異なるところがあります。たとえば地下鉄が交差している、いないのちがいがありますしね。それと、日本で初めて実測地図を作ったのは江戸後期の伊能忠敬と言われていますが、実は江戸時代の初期にはすでに実測地図を作る技術があったのです。でも、江戸の正確な地理を知られたくない幕府は、その技術を世に出さないようにしてきたのです。地理に関する秘密は〝危機管理〟と言っても差しつかえないものですから。

——外国では地図が読めない人も結構いますね。

パレスチナでは、何カ国語もしゃべるインテリが地図の見かたをまったくわかっていない、ということもあります。衛星が発達しているとはいえ、衛星を利用できる国は少ないので地図が大事なのですが、イスラエルが支配するパレスチナで同様のことを行うのは、占領する側としては当然のことをやっていると言えますね。つまりはそれだけ地図が重要だと言うことです。

PROFILE　あきば しゅん
1956年生まれのノンフィクション作家。1980年にテレビ朝日に入社、社会部記者を経て、メキシコ支局長、ハノイ支局長を歴任。1996年に退社後、執筆活動に入る。代表作に『ディレクターズカット』、『帝都東京・隠された地下網の秘密』がある。

第二章
自衛隊「専守防衛」のジレンマ

戦争権を持たない自衛だけの戦力として発足した自衛隊は、現在世界第３位の軍事力を持つと言われている。もっとも、この順位は統計の取り方によって変動し、日本が世界第２位の軍事力を持つという試算もある。アメリカ以外ではスペインが１隻だけしかもっていないイージス艦を４隻保有し、強力かつ高価な戦闘機Ｆ－１５を２００機も保有していて、その戦闘能力の高さは折り紙つき。いざ有事の際、自衛隊はどのような方法で首都を防衛するのかを、様々な角度から検証する——。

海の要衝を守る!

東京湾に秘められた備え

首都防衛を考えたとき、敵軍が上陸してくる場所として東京湾がある。石油やＬＮＧのタンカーが航行し、テロの標的としても狙いやすい。そんな海を狙われたとき、どのように防御すればよいのだろうか。

東京湾の防御ライン 浦賀水道の果たす役割

首都〝東京〟は難攻不落の要塞都市である。その理由は地理的要因を考えずには語れない。

東京の北西に広がる関東平野の終わりには、まるで敵の侵入を防ぐかのようにぐるりと山脈が囲み、南東には城を守る堀のように東京湾がでんと存在している。東京は海と山という自然の防御壁に囲まれた、まさに理想的な要塞都市なのである。

そして特に注目すべきは、東京湾への入港の際に、必ず通過しなければならない浦賀水道である。

浦賀水道は非常に横幅が狭い海域で、房総半島側の富津岬と三浦半島側の観音崎との間は、わずか6・5キロメートル。この湾口部を東京、横浜港などの諸港に出入りする一般貨物船、コンテナ船、大型タンカー等が1日平均780隻も通行している。また、漁業活動も活発に行われており、航海上の難所としても知られている。

実際に1988年には、海上自衛隊の潜水艦〝なだしお〟と遊漁船〝第一富士丸〟が、この海域で衝突し、遊漁船の乗員乗客30名が死亡、9名が重傷を負うという大惨事が起きている。

この往来の難所という特徴は、首都防衛という軍事的観点に立つと、〝玄関口の狭さ〟ゆえの優位な面が際立って見えてくる。つまり、浦賀水道に〝海の関所〟を造り、それを死守さえすれば、海からやってくる敵に対する備えが鉄壁のものになるのである。

明治時代には、すでにこの考えが実行に移されていた。旧日本陸軍は、浦賀水道の富津岬と観音崎を結ぶ線上に、3つの海堡を造って防衛の拠点としたのである。

海堡とは、人工的に造られた海洋要塞で、榴弾砲、カノン砲、機関砲、採照灯などが兵備されていた。

この海堡は、着工順に、第一海堡、第二海堡、第三海堡と呼ばれている。

中でも浦賀水道航路に隣接する第三海堡は世界に類を見ない規模の海洋要塞で、東京ドームが5つすっぽり納まるほどの大きさであった。当時の文献によると、この第三海堡のある海域は非常に潮流が強く、水深が40メートル近くもあるため、その建設は困難を極めたという。強い潮流に飲み込まれ、犠牲者を出すという事故も多発した。こうした幾多の試練を乗り越え、30年の歳月をかけ、第三海堡は1921年に完成したのである。当時の人々が、浦賀水道を首都防衛のための要として、いかに重要視していたかが伺える。

る。

蛇足ではあるが、その後、第三海堡がたどった悲劇的な結末をここに付け加えよう。実は、巨額な資金を投じて完成させた2年後、関東大震災によって第三海堡は壊滅的な打撃を受け、その島のほとんどが水没してしまったのだ。そして、改修工事の案もなくそのまま放置され、暗礁と化して現在に至っている。

この暗礁化した第三海堡は、浦賀水道航路を運行する船舶の衝突や座礁などの海難事故を引き起こす原因として問題視され、2007年を目標に、現在、除去作業が行われている。

他の2つの海堡は現存し、第二海堡においては、三浦半島側から船が出ていて、釣り人のメッカとなっている。

皮肉なことに、この三つの海堡は着工後30年という長い月日が流れるうちに、大砲の技術が向上したため、完成した際にはすでに無用の長物となっていた。

では、現在の東京湾の防衛はどうであろうか。首都の生命線とも言うべきこの浦賀水道を死守することができるのだろうか。

幸か不幸か、日本は歴史上幾多の内戦を経験してきたものの、外国の軍隊による侵略を受け、本土決戦を行った経験はない。だが、「もしも、首都攻防をかけた最終決戦が行なわれたら」という問いは、我々の明日の運命をも担う切実なものであり、単なる架空のストーリーでは終わらせられない。

では、そのような緊急事態に我が国はいったいどんなシナリオを用意しているのだろうか。

「どんな仮想敵国を設定するかにもよりますが、今の時代に、真正面から東京湾を攻めてくる艦隊がいるとは到底思えません。浦賀水道の防衛ラインで言えば房総半島と三浦半島の突端を結ぶ州崎―剣崎ラインで、ここまで突破されることはまずありえないし、あってはいけない事態です。また、なるべく遠くで守って湾内に入れないのが鉄則ですから、大島と伊豆半島の下田を結ぶラインのさらに南で攻防が繰り広げられるというのが一般的に想定されます」（海上自衛隊関係者）

海上自衛隊が東京湾に磐石な防御体制を敷く

だが、想定外のことが起きるのが有事である。

「海上自衛隊は敵国の侵攻部隊の上陸や潜水艦、航空機によるミサイル攻撃、さらには機雷の敷設や水上艦艇による攻撃などを想定し、対潜水艦戦、防空戦、対水上戦、機雷戦などの訓練を行っています。もちろん、第2次世界大戦、さらには浦賀水道に海堡が作られた様な時代とは、まったく違う次元の戦闘になります」（前出・海上自衛隊幹部）

高性能レーダーを積む海上自衛隊のイージス艦の索敵能力は、半径300キロとも400キロとも言われ、東京湾から八丈島までをゆうにカバーする。防衛庁が発行している防衛白書によると、「航空警戒管制部隊のレーダーや早期警戒管制機などにより、わが国周辺のほぼ全域を常時監視しており、マッハの速度で我が国の空域に近づく飛行機でさえ、即座に迎撃体制に入ることができる」のだという。

空からは衛星が監視し、レーダー網が発達したこの時代に、仮想敵国の大艦隊が突然、東京湾に近づくというシナリオは、第2次大戦中の日本海軍が突如、タイムスリップしてやってくるようなSF小説や映画の世界の絵空事でしかない。

そう考えると、死守すべき浦賀水道に真正面から来襲し、海上自衛隊と交戦する可能性があるのは、今のところ、日米安全保障条約を突然一方的に破棄し、侵略を企てるアメリカ海軍かゴジラぐらいしかいないかもしれない（ゴジラは観音崎のたたら浜で銀幕デビューを果たした）。

だが、真正面から来襲する侵略者だけが東京湾の想定しうる有事ではない。こっそりとやってくる〝招かれざる客〟が引き起こす不意打ちを忘れてはいけない。

東京湾には、石油タンク、コンビナート、発電所といったテロを受けると大惨事になりうる重要な施設がたくさんあるのだ。

「東京湾アクアラインの木更津出口のあたりに、富津・君津・袖ヶ浦・姉崎・五井・千葉と6プラントが密集しています。ここを武装工作員に狙われたら一瞬にして東京中が大停電となります。また、袖ケ浦LNG基地が爆発した際には、その被害は原子力発電所の爆発をはるかに超えると言われています」（元科学技術庁職員）

LNGとは、マイナス162度という超低温の液化ガスで、非常に強い爆発力を秘めている。

１９４４年にアメリカのクリーブランドでＬＮＧタンクが爆発し、死者１３６名、住宅82戸が全壊するという大惨事があった。袖ケ浦ＬＮＧ基地には、そのＬＮＧタンクが35基あり、日本の累計ＬＮＧ輸入量の約４分の１を占める、２億トンものＬＮＧを抱えているのだ。

たとえ、このＬＮＧ基地が爆破されなくとも、ここにＬＮＧを運ぶタンカーが狙われただけで東京湾はパニックになるだろう。

「ＬＮＧが海面に流出すると、最初はものすごい泡となり、そして一気に広がります。二万トンのＬＮＧが流出したら、10分程度で半径15キロ程度まで広がると想定されます。潮の流れが速いところですと、さらに広範囲にわたって広がります」（前出・元科学技術庁職員）

▲アクアライン木更津出口のそばにある袖ヶ浦基地。世界でも類を見ない巨大なＬＮＧガスの受け入れ基地だ。

アキレス腱となる東京湾アクアライン

首都〝東京〟は海に守られ、山に守られ、そして、先人の英知を受け継いだ先端技術によって日々進化を遂げ、外敵を寄せつけぬ要塞都市と化した。その玄関口、東京湾の平和のため、海上自衛隊は海上保安庁とともに今日もパトロールを続けている。しかしこれで万全なのだろうか？

実は東京湾アクアラインはテロや有事において、東京のアキレス腱になる可能性があるという。

「まず川崎から海ほたるまでの海上部分、ここに工作員が橋の上から機雷を撒いたらどうなるか？　2～3台のダンプでできることだから、機雷さえ入手すれば簡単にできる。すると海の交通がストップ。浦賀水道まで相手を絶対に入れてはいけない海上自衛隊が後ろをふさがれてパニックになるのは間違いない。海上自衛隊は機雷の掃海船を持っていますが、処理には大変時間がかかります。300個撒かれたら回復に1カ月はかかるんじゃないでしょうか」（前出・海上自衛隊関係者）

東京湾を出入りする外国船も同じだ。出て行く外国船はみんな海ホタルから木更津までの間で立ち往生する。しかし、有事の際にそんな落ち着いた行動をとれる船長はなかなかいない。73年、エジプトが起こしたスエズ動乱がよい例だ。スエズ川にいた船はもとより、地中海全体が混乱に陥った。地中海の出入り口であるジブラルタル海峡でニアミスが頻発したのだ。

さて、こういったテロについて、海上自衛隊は入念に対策を練っているだろうか。

「もちろん、我々もテロに対しては、あらゆる場面を想定し、その対策を練っています。特に、テロへの対応は初動対処が重要ですので、海上保安庁と連携した訓練を数多く行っています」（前出・海上自衛隊関係者）

海上保安庁とは、海の治安を守る警察で、司法警察権を持っている。よって、不審船を見つけた際には、警告し、自らの判断で強制捜査を行うことが出来る。一方の海上自衛隊は、命令権者が内閣総理大臣であり、その指示を仰がなければならない。東京湾のテロ対策は、初動対処に優れた海上保安庁と軍備に優る海上自衛隊との緊密な連携が最重要課題だ。

アメリカの9・11テロ以降、大規模なテロへの対策として自衛隊法が改正された。海上自衛隊も防衛庁長官が認めた場合に限られるが、不審船への武器使用が可能となった。たとえ結果として人に危害を与えたとしても、罪に問われないようになったのだ。

敵国はここからやってくる！

首都・東京に至る3つの上陸ルート

敵国を占領するためには最終的にその国に上陸する必要がある。そして最終的な目標は国家元首がいる首都だ。日本ならば東京。では果たしてどこに上陸するのだろうか。

首都・東京を狙うとき敵国は九十九里に上陸！

仮想敵国が浦賀水道を抜け、首都〝東京〟に侵攻するというシナリオは、前章でほぼ不可能に近いのではないかと書いた。そして、むしろ首都のライフラインを支える重要なインフラ施設へのテロ対策がもっとも必要であると指摘した。

しかし、このテロが武装工作員を使った〝首都陥落作戦〟のファースト・ミッションであったならば、一笑に付してばかりもいられない。

つまりこのようなシナリオだ。

東京湾において、大きな破壊工作を行い、首都のライフラインを止めて混乱状態を作る。海上保安庁および海上自衛隊は同時多発テロの危険を警戒し、この緊急事態に総動員で当たることが予想される。もちろん、首都近隣に配置されている陸上および航空自衛隊の多くも、首都機能を復旧させるために動員されるであろう。そして、その手薄になった隙を突き、東京湾以外から侵攻部隊を日本本土に送り込む。

では〝東京湾以外〟とは、具体的にどこか。3つの場所が考えられる。1つ目は駿河湾、2つめは相模湾、そしてもう1つは九十九里浜だ。

駿河湾に関しては、上陸できたとしても、東京にたどり着くまでに箱根の山を越えなければならない。さらに占領後利用できる軍事拠点としては、静岡市の南西にある静浜航空基地があるが、ここはパイロットの養成を主目的とした基地で、小さな滑走路が1つしかない。したがって、可能性はあるものの、上陸するメリットは少ない。

続いては相模湾。ここは非常に上陸しやすく、東京まで天然の要衝もない。ここが危なさそうだが、山などよりももっと突破が難しいものがある。それが米軍基地と自衛隊駐屯地だ。横須賀にはアメリカ海軍の施設、座間には陸軍のキャンプ座間、さらに厚木には海軍の飛行場がある。

そして海上自衛隊の施設が点在している。船越には艦隊司令部があり、横須賀には主要艦艇基地があり、さらに厚木には主要航空基地がるのだ。

こんなところに上陸してしまっては、東京にたどりつく前に殲滅されてしまうだろう。それどころか、相模湾に展開されるであろう米軍と自衛隊の合同艦隊によって、上陸すらままならない。

一方、九十九里浜から上陸した場合はどうだろう。そこから約70キロ北にある百里基地からF―15Jイーグルが飛び立って迎撃するはずである。しかし、敵国が確実に制空権を握って首都陥落を本気で目論んでいるなら、それでも九十九里浜からの上陸を考えるに違いない。九十九里浜が、成田国際空港までわずか30キロ足らずの距離に位置しているからである。

　実際に、第2次世界大戦中、アメリカ海軍は首都を守るために、たくさんの機雷がばら撒かれた浦賀水道の突破を断念し、九十九里浜から攻め入ろうとしたという記録が残っている。

　また、空母を持たぬ海上自衛隊は、敵軍の背後を突いて組織的かつ継続的に抗戦することができない。自衛隊には、他国の軍隊とは違い専守防衛という建前があるため、「他国を占領するための作戦」に使う軍備、すなわち空母を所有できないのだ。そしてこれは、占領された場所を取り返すことができないということを意味している。これは致命的な弱点ではないのだろうか。

　さらに、東京湾以外の数カ所でも同時にテロが起こり、北方からも軍隊が押し寄せることも考えられる。こうなってくるとさすがに要塞都市・東京もいよいよヤバそうである。

日本の防衛費は世界第3位の規模を持つ！

　普段はあまり意識しないが、日本は世界第3位の軍事大国である。（※調査機関によって順位は多少入れ替わる）アメリカ、中国に次ぎ、年間4兆9千億円（2004年度）もの軍事費を国家予算から計上している。これだけの防衛費で守られている首都がそう簡単に陥落するとは考えられないかもしれない。キャンプ座間、横田基地、厚木基地、横須賀基地といった駐留米軍も常に睨みを利かせていることだし、と思う向きも多いだろう。

だが、大規模な軍事侵攻や同時多発テロを想定していない自衛隊が、本当に首都を防衛するに足る能力を持っているのだろうか。自衛官の数や弾薬の供給量は本当に十分なのだろうか？

現在の自衛隊員の数は約25万人。これは、軍事費が日本の約4分の1しかない韓国の3分の1以下の数字である。他のアジア諸国と比べても自衛隊員の数は圧倒的に少ない。米軍による援護を期待したとしても、駐留米軍の兵士数は約2万人。しかも、その多くは沖縄の基地にいる。アメリカ本国やハワイからの援軍が来てくれるまで首都が持ちこたえられるのかは、はなはだ疑問である。

弾薬の供給に関して言えば、一発1億円と噂される対空迎撃ミサイルをいったい何発打ち上げられるのか。かように疑問は尽きない。もちろん、これらの情報は軍事機密で我々が知るすべはない。

米軍の後ろ盾もあり、世界第3位の防衛費。にも関わらず、漠然とした不安を拭いさる拠り所は見当たらない。これが、ただの杞憂に終わればよいのだが。

▲敵軍が上陸をもくろんだ際、海戦が繰り広げられると予想される相模湾。

幹線道路に隠された意図

国道246号線を戦車が走る日

東京を網の目のように走る道路。一見無秩序なように見えるが、主要道路は皇居から放射状に延びているのだ。有事の際、はたして道路はどのような役割を果たすのだろうか。

駐屯地から2時間で戦車隊は皇居に到着する

有事の際に総司令部が置かれるのは、第2次世界大戦時にいわゆる大本営といわれた現・市ヶ谷陸上自衛隊駐屯地になることは間違いない。

それでは、本丸を守るための臨時の迎撃基地といえばどこになるだろうか。

地図を広げてみて、十分広さがあり、可能性があるのは、ずばり皇居外苑である。高い建物がまわりに少なく、あらゆる道路とつながっている点を考えればここしかない。

朝霞、練馬といった駐屯地から出発した戦車は、まず環状線を走り、それから青山通り、新宿通りを突き進み、内堀通りから皇居外苑にたどり着く。

あまりスピードがないと思われている戦車だが、どれも時速50キロ以上はゆうに出せる。2時間もあれば本丸を守るための戦車を集めることくらい十分に可能なのだ。

元・陸上自衛隊の隊員はこう語る。

「皇居外苑までなら、朝霞や練馬から何の障害もなく駆けつけられます。むろん交通規制を行って、他の車を通行止めにすることが前提ですが。重くて道路を走れないとか、橋を渡れないとバカにされることもある90式戦車でも問題はないでしょう。ただ90式戦車の重さは50トンと他の戦車の倍に近い重さがありますから、道路が相当に傷つくのは事実。実際、90式がアスファルトの上を走ると、ボコボコになってしまいます。ですから、最初は軽い74式戦車などを走らせます。次に装甲車、そして最後に90式戦車を出発させることになるでしょう」

迎撃という意味では、戦車と同時に大切なのは数々のロケット弾発射機だ。

現在、主流となっているのは多連装ロケットシステムMLRS。12連装のロケット発射機が搭載され、644個のボムレット（子爆弾）を内蔵、一発当たれば1個辺りの破壊範囲は200×100メートルという超強力兵器だ。

「81式地対空誘導弾なども基地から発射するより水際を射程に入れられる皇居外苑まで持っていくべき」（元・自衛隊員）

有事の際、陸上自衛隊の隊員を運ぶには前章でふれた地下鉄がもっとも有効な手段となる。

さらに迎撃基地として最適なことに、皇居周辺には戦闘機や爆撃機が着陸できる道路が数本ある。内堀通り、日比谷通り、青山通りなどである。

いずれも部分的に直線で1キロメートル以上の長さを持っている。信号機などが邪魔になりそうだが、ある建築関係者によれば、「信号機などを切ってとりさるには2時間もあれば充分」とのこと。

では、戦闘機や爆撃機を飛ばしたり、着陸したりするのに必要な距離は？

「機種にもよるけれども、戦闘機なら最短で400メートルあれば充分」（元・自衛隊員）。

本当にそんな短い距離で大丈夫なのだろうか？　空母の離発着を応用すればいいというのだが…。

「もともと第2次世界大戦の際、真珠湾奇襲攻撃を仕掛けたのは、当時の日本が持っていた空母から飛び立った戦闘機でした。現在、日本は空母を持っていないものの、その装備を仮の滑走路となる道路に設置すれば、飛行場の滑走路が壊されても、十分対応できます」（元・自衛隊員）

カタパルトを設置すれば戦闘機の離発着が可能

空母から飛行機を離陸させるには、カタパルトという飛行機を押し出す装置がまず必要だ。飛行機自体はブレーキをかけながらもエンジン出力をほぼ最大の状態にしておき、そのブレーキを外すのと同時にカタパルトで機体を前に押し出す。その際、パイロットには気絶寸前の重力がかかるという。

逆に着陸の時は飛行機の車輪の部分に着艦フックを取り付けておかなければならない。空母上できつく張られたワイヤーに、着陸した際に着艦フックを引っ掛けて飛行機が前に動こうとする力を抑えるのである。

空母で働いている人はよくこの着艦フ

▲自衛隊最強の陸上兵器、90式戦車。50トンの重さが難点だが、その性能は折り紙つき。

ックに足をとられ事故を起こすという。実際、着艦フックで両足が切断されたという軍人は少なくない。

日本は空母を建造する技術を持っていたわけだから、それを復活できない理由はない。

ベトナム戦争の時、南ベトナムが敗走に追い込まれた最大の理由は、飛行機が離発着できる飛行場が北ベトナム軍によって、すべて壊されてしまったからだった。制空権を完全に握られてしまっては、後は空爆され放題。残る手段は降伏以外にない。

だが、仮に飛行場が壊されたとしても、このように公道を使って飛行機を飛ばすことができれば、対応はできる。土俵際に追い詰められたとしても逆転は可能なのだ。

桜田門に位置する警視庁は管制塔の役割を果たすことができる

飛行機を飛ばすためにもうひとつ大切なのは管制塔だ。その候補地というと、桜田門の警視庁ビルがもっとも妥当だろう。警視庁なら道幅のもっとも広い内堀通りを見渡すことができるからだ。

それにしても滑走路に転用できる道路とそれを見渡すことのできる管制塔となる建物が、あまりにも都合のいい位置に存在するのは、偶然とは考えにくい。

桜田門の警視庁は関東大震災の後、1931年に建設された。戦後、GHQの支配が終わり、新たな警視庁庁舎が建てられることになった時、官僚、警察関係者はともに桜田門に大変こだわったという。その当時から、こうした緊急時のことを想定していたのだろうか？　もしそう考えて桜田門にこだわった人物がいたとすれば、恐るべき軍事的才能を持っていたと言えるだろう。

ところで、航空自衛隊は陸・海・空の中でもっとも米軍との関係が強いといわれている。

「戦後の新しい実力組織として、まったくのゼロから出発した航空自衛隊に対して、装備・施設・技術の援助を行い、近代空軍としての組織作り、運用能力発揮のために協力してくれたのは在日米軍であった」（文・新谷毅・元一等空佐『最新自衛隊図鑑２００４～２００５』より抜粋）

米軍と航空自衛隊は、まるで親子のようなものなのである。

「昭和33年2月には、早くも自力で領空

侵犯措置の任務を果たすことができた。航空自衛隊は以来、昭和47年6月、沖縄返還に伴い南西空域の防空任務を米軍から引き継ぐ」（引用は前同）

では、有事の際、米軍と航空自衛隊の連携などは、どうなるのだろうか。

「はっきり言って米軍を後ろ盾にしながら動くことになるでしょう。というより、実際には泣きつくことになるのではないでしょうか。他の部隊以上に航空自衛隊は実戦経験がない。陸上自衛隊の戦車などは国産ですが、航空自衛隊の飛行機はほとんどが外国産のエンジンを使って、ライセンス契約を元にボディだけを国内で作っている。これじゃ、どの程度の能力かは知れたもの。ゼロ戦などを作ることのできた戦前ならともかく、戦後の日本は航空技術に関しては間違いなく後進国」（軍事評論家）

実際、戦闘機のマニュアルはすべて英語だし、飛行機内での会話記録を残すブラック・ボックスを開けるためには日本の自衛隊ではなく、いまだに米軍にやってもらわなければならないという。

「プライドが高くて能力も高いエリート集団だけど、航空自衛隊はあてにならない」

と、唾を吐くように語る元自衛官もいるのだ。もっとも、そういった批判めいた声には航空自衛隊も気が付いており、なんとか活躍できる機会（つまり実戦）はないかと強気な発言を繰り返す者もいるらしい。

そんな声がある一方で、航空自衛隊は戦力を伸ばし続けている。その戦力アップの目玉となっているのが２００６年末

▲空母に備えつけられているカタパルトを設置すれば、直線道路は戦闘機の滑走路に変わる。

の空中給油機の導入だ。2003年から、すでに訓練も重ねられているこの空輸機が導入された場合、戦闘機はパイロットの体力と精神力が続く限り飛び続けることが可能になるのだ。

ただ、自衛、迎撃となれば、とにかく陸・海・空の協力体制がなければ戦いを続けられない。そしてその中でも制空権の重要度はすでに述べたとおりである。

ひとまずは、内堀通りから戦闘機が発射するような日が実際には訪れないことを祈ることとしよう。

首都防衛に役立つ道路はまだまだある！

軍事転用が可能な都心の一般道

２４６が道路も滑走路として使用できることはわかった。では都内にある他の道路は軍事的に利用することができるのだろうか。銀座の昭和通りを例に検証してみよう。

昭和通りに着陸し、内堀通りからの離陸が合理的

戦闘機の離発着に、長い滑走路が必ずしも必要なわけではない、ということはすでに書いた通り（90ページ参照）である。

F15やF４など、日本の主要な戦闘機は両翼を入れて20メートル弱。飛び立つ際の横揺れを考慮に入れると、戦闘機を飛ばすには約30メートルの道路幅が必要である。これは片側２車線、合計４車線の道路に相当する。さらに４００メートル以上の直線があればベスト。そしてその先１キロまでの間に50メートル以上の高さの建造物がなければ、道路はいつでも滑走路になる。

そう考えると、高速道路などはよい滑走路になりそうだが、中央分離帯が邪魔になる。これがあっては飛行機が離発着することはできない。わざわざ取り外すのには時間もかかるし、道路だって傷ついてしまうだろう。そして都心を血管のように走る首都高速では、直線という直線がない。では、ほかの公道ではどうだ

ろうか。

銀座の昭和通りは不可能ではないだろうが、サイズ的にはギリギリといったところか。離陸よりもむしろ着陸専用に使ったほうがいいだろう。なぜなら89ページで紹介した内堀通りなどは離陸専用として使うほうが、より合理的だからである。

昭和通りに着陸した戦闘機が、専用牽引車に引っ張られて都営浅草線の宝町駅を曲がり鍛冶橋通りを抜けて皇居の外苑へ。そこで燃料補給等の整備を行ったのち、至近にある内堀通りから離陸するという流れが理想的だ。

ただし、これには昭和通りから皇居外苑までに存在するすべての街燈を切り倒す必要がある。こうした工事には、陸上自衛隊の施設科部隊があたる。施設科とは、高度な技術と装備で前線での戦闘支援を任務とする部隊である。簡単に言ってしまえば、建設工兵だ。世界一と評される日本の土木技術で、道路の補修や橋の架設はお手のもの。街灯を倒すような障害物処理も、極めて迅速に行ってくれるだろう。

航空自衛隊には実戦経験豊富なパイロットが!

道路が滑走路になりうることはわかった。後は優秀なパイロットがいれば問題ない。

「航空自衛隊のパイロットは、実戦経験がないから使い物にならない」

こんな発言をする人がいるが、それは完全な過ちである。

領空侵犯に対するスクランブル発進で、その実戦経験は意外と豊富だ。パイロットの中にはなかなかの猛者もいて、こんなエピソードもある。

東西冷戦真っ盛りの１９８０年代、領空侵犯を犯した旧ソ連の爆撃機は、スクランブル発進をしてすぐ横を飛ぶ自衛隊機をまるで無視するように飛び続けていたという。怒り心頭となった自衛隊のパイロットは両翼下に吊るした外付け燃料タンクともいうべき増槽タンクを切り離した。

この行為は戦闘機乗りの間では戦闘開始の合図を意味する。空気抵抗と重量を軽くすることによって機敏性が増し、スピードも上がる。これを見たソ連機はすぐ領空内から消え去ったという。

領空侵犯は日常茶飯事だったのであまり報道されていないが、警告射撃という範囲で相手に対して実弾を使ったこともある。たとえ管制塔からの連絡が途絶えても、独自の判断で離着陸できる度胸と技術を持ったパイロットだっていくらでもいるのだ。

航空自衛隊は我々が思っている以上に優秀なのである。関東圏の航空自衛隊は百里と入間にある。有事の際はこの２つの基地から発進した飛行機が首都防衛に命を賭して働き、公道に着陸するはずだ。

首都・東京を守る環状道路

国道16号と環状7号線の持つ意味

東京の道路は皇居から放射状に伸びる道路と、皇居を中心とした環状線に分かれている。中でも環状7号線沿線と国道16号線は、軍事的性格の強い路線なのである。

重さ50トンの90式戦車は果たして公道を走れるか？

可動陸上兵器で最大のものと言えば、地上戦の主役・戦車である。もともと野戦のために作られ、キャタピラは舗装されていない未開の土地を走るために装備された。それが第2次世界大戦のヨーロッパ、そしてその後の世界紛争で瓦礫の上でもなんなく走れることが証明され、戦車は市街戦でも使われることとなった。

１９９０年に配備された90式戦車の重量は50トン。それまで主流だった74式戦車の38トンに比べるとはるかに重い。これではアスファルトの中にめりこんでしまう、あるいは橋が落ちるのではないか、という批判を一部の軍事評論家から受けた。つまり市街戦で使えないというわけである。

確かに戦車が走ると、その重さによってアスファルトにくっきりとキャタピラの跡が残る。74式戦車でさえ重すぎると考えられていたところに、さらに12トンも重い戦車を作ったのだから、批判が出るのも当然のことだろう。

結論から言ってしまえば、走ることができるのは間違いない。アスファルトの上に停車したまま放置すれば、少しずつ地面にめり込んでいく。だからといって、戦車が走れないということにはならない。

90式戦車が重いのは事実。しかし世界を見てみれば、50トン以上の戦車はいくつもある。

１９９７年にその存在を公開したロシアの戦車〝ブラックイーグル〟は90式戦車と同じ50トンである。

イギリスでは１９６３年からチーフテンという55トンの戦車が走っているし、79年には62トンのチャレンジャーが導入され、91年には70トンのチャレンジャー2が導入されている。日本の90式戦車は決して非常識な重さではないのだ。軍事評論家が50トンを「重い」といったのはこのことを知らないからか、または特定の古い道路を指して「落ちる」と言ったのだろう。

ただし90式戦車を走らせれば、アスファルトにはかなりの傷が残る。キャタピラがアスファルトを割ってしまうのだ。有事でなければ、キャタピラにゴムをつけて走行すればアスファルトに傷はつかないが、摩擦がかかりすぎてスピードを上げることができない。

90式戦車を最高スピードの時速70キロで走らせれば、1台だけでも道路にかなりの傷がついてしまう。数台走らせれば、アスファルトは粉々に砕け散ってしまう可能性すらある。

むろん戦車は陸の守りに欠かせない。道路がいくら荒れようが、戦車は走れるかもしれないが、戦車以外にも陸上自衛隊の重要兵器はいくつもあり、そのすべてが悪路に強いわけではない。88式地対艦誘導弾や地対空誘導弾改良ホークの発射機は足元がタイヤである。こうした武器は、ある程度、整備をされた地面でないと移動することはできない。

つまり、90式戦車は公道を走れるが、その後ろを車両が走行することは難しいのだ。自然、90式戦車は隊の後方に控えることになる。

国道16号線は首都防衛の第1の砦

千葉県の稲毛と神奈川県の観音崎を繋ぎ、首都圏をぐるりと囲む国道16号線は、有事の際に重要な交通路になると考えられている。陸上自衛隊習志野駐屯地と松戸駐屯地を繋ぎ、埼玉県の春日部市、川越市を通り、航空自衛隊入間基地、福生の米軍横田基地、神奈川に入って米軍相模補給廠、海上自衛隊厚木基地を抜け、海上自衛隊地方総監部、米軍横須賀基地、そして防衛大学校をつなぐ多分に軍事的な面を持っているからである。ぐるりと首都・東京を囲む国道16号線は、陸上から敵が攻めてきた際、最初の砦になる。

戦術の基本として、ベストな迎撃法は相手に橋を渡らせないように戦うことである。戦力のバランスが著しく劣るような場合は、あえて橋を壊してしまうことすらある。そして援軍が駆けつけ優勢になれば、再び橋を架けて攻勢に転じることになる。

陸上自衛隊には、このような状況下で

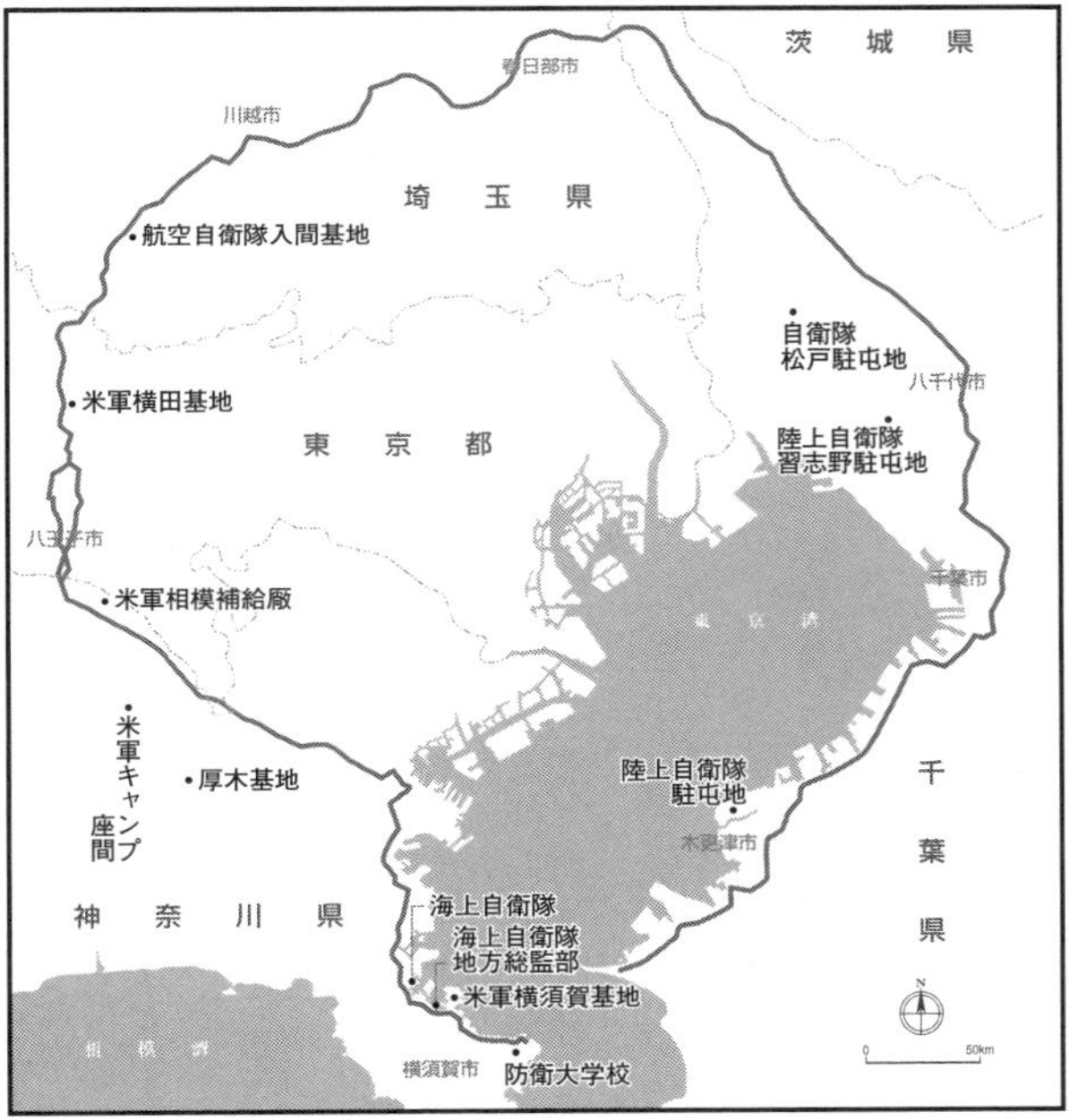

▲国道16号線を中心にした地図。ごらんの通り、16号の沿線には日米両国の軍事施設が点在している。

も対応できるように91式戦車橋というものがある。キャタピラの上に道路を乗せたような91式戦車橋は、20メートル相当の橋に匹敵する働きをするスグレモノだ。横幅は4メートル。もちろん、90式戦車の重量に耐えられるように設計されている。

多摩川に架かる拝島橋は、東京を西から攻める場合の重要なポイントだが、陸上自衛隊の師団が到着する前に敵軍がこの橋を渡りそうになった場合、こちらは橋を空から爆破してもよい。敵がてこずっている間に90式戦車が到着すれば、一気に形勢逆転することも可能だろう。敵が敗走を始めたら、91式戦車橋を利用して逆に追撃するというわけだ。

最終防衛ラインは環状7号線

ここからは、拝島橋の攻防に破れ、自衛隊が環状7号線まで後退した最悪のケースを想定していこう。

東京の環状線は皇居を中心として内堀を1号として、外堀通りを2号、そして8号線まで広がっていく。この環状線と交わり、皇居に向かっていく通りが国道14号や20号、246号、1号といった道路である。相手がどの方角から侵攻してくるにせよ、我々は環状7号線で食い止めねばならない。ここを突破されると、市民の犠牲が多くなるだけでなく、首都機能に危機が及ぶ上に電話や水道といったライフラインの設備を敵に取られてしまうだろう。環状7号線周辺では、激烈な市街戦が予想される。

片側2車線で、都合4車線。陸上自衛隊練馬駐屯地、用賀駐屯地は環状7号線の外。頼りの綱は、目黒・市ヶ谷といった駐屯地だけ。

その環状7号線はここ数年、道路拡張を行っている。歩道を狭めて車線をゆったり大きくとる方向で拡張工事を続けているのだ。交通量が増え続け、ほとんど動脈硬化に近い状況にある山手線内側の混雑を緩和するための方策である。

しかしこの工事は同時に、陸上自衛隊の部隊展開を速やかにする効果もある。道路事情がよくなれば、有事の際の対応も素早く取れるというわけだ。

東京湾から攻めてきた敵も環七で迎撃

さて、今度は敵が東京湾から攻めてきた場合だ。この際も環状7号線がもっとも重要な道路になるのは間違いない。

関東圏の陸上自衛隊が駆けつけるとしても、地方からの高速道路を使い環状7号線へ入り、環状7号線で左右に散らばって、東京湾での水際作戦に備えるのだ。

首都高速が使えれば、もっと楽に移動ができるのだが、首都高速は建設されてもう40年近くなる。時には高架もあり時には地下をも走る高速道路は一見利用価値があるように思えるが、出入り口が1車線しかないところも多く、路肩もまったくない。軍用車両が通るには、まったく不向きな道路なのだ。また、毎日ラッシュが続き、建築関係者の目からすれば、すでに耐用年数を超えているのでは？という疑問の声も上がっている。

以上の点を鑑みると、やはりさすがに首都高速道路を90式戦車が走るのは不可能だろう。

さて、環状7号線の中には荒川を始め、大小いくつかの河川がある。市街戦になるとさらにこの河川は重要なものとなってくる。それこそ、河川を挟んで相手と対峙するなどということになりかねない。ここでも先ほどの91式戦車橋が活躍することだろう。

さらに、湾岸での戦いには92式浮橋が登場する。これは組み立て式の浮橋で、その長さは104メートル。動力ボートがついており、河川の流れの速いところでも使えるスグレモノだ。一度に乗せられるのは1両だが、90式戦車もこの浮橋を使用して河川を渡れる。その92式浮橋を使って埋立地と埋立地を結べば、東京湾岸の戦闘で有効な手段になるのは間違いない。

この他、70式自走浮橋は2～3両を連結して門橋、つまり簡単なフェリーボートとしても使用可能だ。74式戦車なら十分通過可能である。

こうして並べて検証してみると、日本、特に東京の道路は、戦略的には守りやすい形であると言える。あと数年の道路工事で防衛体制は十分できるといっていい。海に囲まれている日本の領土をしっかりと踏まえた防衛体制が完成しつつあると言ってもよいだろう。

残された問題は、都内の道路の混雑である。いざ有事という時に緊急で交通規

▲東京でも交通量が多いことで有名な環状７号線。

制を敷いても、一般車の混雑のため、なかなか自衛隊車両を投入できない事態が想定される。むろん緊急時には自衛隊のみならず、警視庁の交通機動隊がスクランブル発進して、交通規制をするだろう。しかし有事の際、環七からスムーズに一般車両を排除できるだろうか？　そのためには国民の協力が不可欠である。

これぞ有事の備え！

滑走路へと変貌する高速道路

これまでは東京の有事対策をみてきたが、ここでは海外の有事対策を見てみたい。韓国・台湾・イスラエルなど、危険が隣り合わせの国では滑走路としても利用できる高速道路が一般的だというが――。

戦いの行方を左右するキーポイント〝制空権〟

近代戦では制空権を握ることが一番重要だと言われている。

そう言った意味では、日本の防衛に果たす航空自衛隊の役割はあまりにも大きい。制空権を奪われてしまえば偵察機が上空を自由に飛びまわり、国内の地理情報が筒抜けになる。当然、熾烈な空爆を受けるだろう。

制空権を支えるのは、言うまでもなく滑走路である。これがなければ戦闘機は飛びたてなくなってしまう。

この章の中では、空母のアイデアを陸上に持ってきている部分もあるが、それよりもやはり滑走路があったほうが、戦闘機も安全に飛び出せるし、無理なく戦えることだろう。

周りをアラブ諸国に囲まれ、常に孤立しているイスラエル。北朝鮮の脅威が続く韓国。そして中国との火種を抱える台湾。この3カ国では、高速道路がそのまま滑走路として使えるようになっている。

これは、もし基地内の滑走路が相手の攻撃によって破壊されたら…、という危機意識を反映し、都市設計の段階から意図して作られたものである。

滑走路に適した高速道路は前述した通り、幅が30メートル以上ある道路で、直線で凹凸がなく、距離は1500メートル以上。同時に戦闘機が飛び立つ方向に邪魔をしない高い建物がないということだ。これさえ満たしていればよい。

各国が採用している高速道路の軍事転用

イスラエルの例を見てみよう。テルアビブというこの国最大の街から、北にあるハイファという街までの間の高速道路には、滑走路として使える部分がなんと50キロも続いている。片側3車線ずつ、つまり6車線あり、中央分離帯はな

▲海外では一般的な高速道路の軍事転用。日本を代表する戦闘機、F－15イーグルが着陸するときがくるのだろうか。

い。路肩を含めると40メートル以上の幅がある高速道路が続いているのだ。

さらにイスラエルでは小型ジェット旅客機を高速道路に緊急離着陸させることを考えている。自国の飛行場の滑走路が壊されてしまった場合、ヨーロッパやアメリカで飛んでいる飛行機を呼び寄せ、VIPと政府関係者、要人を一時的に外国に避難させようというのだ。

韓国の場合はソウル・オリンピックの時に首都ソウルを中心とした高速道路網を整備し、その際に滑走路となりうる部分をいくつも作り上げた。

実際に高速道路を使った軍事演習も行われ、戦闘機や爆撃機を何機も飛び立たせては、着陸させた。この演習が成功したことを韓国のマスコミは大きく報道し、隣国・北朝鮮へのけん制球としたのである。だが、韓国の高速道路には弱点がある。

北朝鮮との軍事境界線である板門店からソウルまで広い高速道路網を整備したために、もし北朝鮮の陸軍が軍事境界線を突破してきた場合は、大量の軍隊を一挙にソウルまで運ぶことができてしまうのだ。その距離約60キロ。性能のいい戦車なら1時間で到達することができる距離である。このようなリスクを負ってでも滑走路を確保したいということは、制空権が近代戦においてどれほど重要かの証明になるだろう。

そして台湾の場合もやはり、80年代になってから、高速道路整備の際、滑走路にも転用できるように作り上げたという。2004年の7月には中国に空軍基地を破壊された場合を想定し、ミラージュ戦闘機2機を高速道路に緊急着陸させる訓練を行った。この2機は着陸後、短距離ミサイルを搭載し、給油をした上で飛び立っていった。その間わずかに45分。まさに実戦に即した訓練だった。

アメリカの郊外にあるハイウェイでも、滑走路代わりになるものがいくらでもあるという。軍事力とは程遠いイメージのあるスウェーデンでも、軍事転用を意図した高速道路が作られている。この国では高速道路で利用されることを念頭に置いた「ドラケン」や「ビゲン」といった傑作戦闘機が開発されていた。

さきに述べた通り、日本の高速道路では滑走路に転用できる場所は少ない。直線が少ない上に、どこに行っても中央分離帯があるからだ。日本の防衛に対する意識の甘さを如実に表している例だろう。

▲日本の高速道路はスピードを出させないように直線が極めて少ない。特に首都高はその傾向が顕著だ。

弾道ミサイルが東京を襲う

政府が意図するミサイル防衛構想

日本の上空を越え三陸沖に着弾したテポドン1号。この北朝鮮のミサイルによって、政府はミサイル対策を真剣に考えるようになった。空から飛来するミサイルに対して有効な手立てはあるのだろうか。

世界の34カ国が保有している弾道ミサイルとは？

１９９８年5月、日本列島を越えて三陸沖に落下した北朝鮮のテポドン１号は、日本の防衛関係者を震え上がらせた。弾道ミサイルは射程が長く、核弾頭も搭載することができる。

長きにわたり、弾道ミサイルを有していた国はアメリカとソ連だけだった。核戦争の恐怖が世界中で叫ばれていた１９６０年代、米ソ2カ国間の弾道ミサイルが互いの喉元につきつけられていたために、世界の均衡は保たれていた。

しかし、その後、次々と弾道ミサイル開発に着手する国が現れ、現在では34カ国が弾道ミサイルを保持していると言われる。アジアでは中国、韓国、ベトナム、そして北朝鮮である。

第2次世界大戦の最後に広島、長崎で爆発した原子力爆弾は、飛行機から落とされたもの。その効果は原爆の恐ろしさを伝えるには十分なものだったが、現在のようにレーダーが発達した時代では、飛行機に積んだ爆弾を落とすという作戦では、爆弾を落とす前に海上で発見され、ミサイルで撃墜されてしまう可能性がある。

弾道ミサイルはロケット・エンジンによって大気圏の高層、時には宇宙空間近くまで飛び出していく。空気が薄いため飛行距離が増し、さらに戦闘機よりもより速く目標物に向かって飛んでいくのだ。

北朝鮮のテポドンはロシアのスカッド・ミサイルを改良したものだが、まだ実験段階。幸いなことに北朝鮮の弾道ミサイルは、いまだ精度が低く、具体的に日本のどの都市がターゲットになっているという事実はないようだ。ただ、テポドン1号の飛距離を考えれば、すでに東京が北朝鮮の弾道ミサイルの射程内にあることは確かである。

ミサイルから首都を防衛するための切り札ＢＭＤ

日本政府はこうした事実を踏まえて２００３年、イージス艦の迎撃システムと改良型のパトリオットミサイルで弾道ミサイルを迎撃する弾道ミサイル防衛(Ballistic Missile Defence　以下：ＢＭＤ）を取り入れることを正式に決定した。このＢＭＤはいまだ開発中であるが、改良型のパトリオットミサイルはイラク戦争でも使用された。イラクからクウェートへ向けて発射された弾道ミサイルを撃墜しているので、ＢＭＤの効果も期待できる。

では具体的にＢＭＤのシステムについて説明しよう。なるべく遠距離で迎撃可能な広域防衛用の〝上層システム〟と、打ちもらした弾道ミサイルを近距離で迎撃できる〝下層システム〟がミサイル防衛には威力を発揮する。

このうち、〝上層システム〟とは海上配備型、つまり24時間年中無休で日本領海内にイージス艦を浮かべておき、弾道ミサイルの発射を探知したら、即座に迎撃ミサイルを打ち上げて撃墜するものだ。

そしてイージス艦が打ちもらしたミサイルを陸上に配備されたパトリオットミサイルで迎撃するのが〝下層システム〟である。

むろん、上層システムで迎撃してしまったほうがいい。弾頭に詰められている可能性のある核、生物、化学兵器が地上に拡散するのを防げるからである。

以下はBMD導入を決定したときに、内閣官房長官が記者陣に発表した内容である。

「集団的自衛権との関係については、今回我が国が導入するBMDシステムは、あくまでも我が国を防衛することを目的とするものであって、我が国自身の主体的判断に基づいて運用し、第三国の防衛のために用いられることはないことから、集団的自衛権の問題は生じません。なお、システム上も、迎撃の実施に当たっては、我が国自身のセンサーでとらえた目標情報に基づき我が国自らが主体的に判断するものとなっています。（中略）BMDシステムは、弾道ミサイル攻撃に対し、国民の生命・財産を守るための純粋に防御的な、かつ、ほかに代替手段のない唯一の手段として、専守防衛の理念に合致するものと考えております。したがって、これは周辺諸国に脅威を与えるものではなく、地域の安定に悪影響を与えるものではないと考えております」

つまりは日本の防衛にはBMDシステムが必要。完成した際には、自国で運営して自分の国を守ることにしか使用しない。同盟国が攻撃された際にもその防衛のためには使用しないから、あくまで自衛だけのものだと言いたいのだ。

この発言からは、アジア諸国を刺激しないよう集団的自衛権について最大限の配慮をしているのがうかがえる。だが、弾道ミサイルを保有する日本としばしば対立する国、つまりは中国と北朝鮮だが、この2国は当然のようにBMDを日本が導入することを強く非難した。

表向きの理由は〝アジアの軍事バランス〟が崩れる、というものだったが、真の理由は自国が持つ弾道ミサイルが無力化してしまうことを恐れたからである。

内閣官房長官は同じ席で日米共同で技術研究していることを明らかにし、より先進的な迎撃ミサイルを作り出すことにも挑戦していることを報道陣に伝えた。

しかし、日本単独のミサイル技術は、まだまだ世界水準には達していない。日米共同で技術研究しているといっても、アメリカの積極的な協力がなければ、新技術の開発は不可能だ。したがって現状のパトリオットミサイルで弾道ミサイルの恐怖を排除しなければならない。

このBMDで重要なのは、レーダーによる探知だ。現在、この探知のために航空自衛隊警戒管制部隊は地上配備型レーダーを使っているが、これだけでは探知範囲が狭く、弾道ミサイルの発射を察知するには不十分。アメリカ軍の情報の提供がなければ、日本に着弾して初めてミサイルだったと認識することになりかねないのだ。やはりここでも日本はアメリカのお世話になっている。

法解釈上、意見が割れる拒否の発動条件

さて、こうした技術的な問題だけでなく、ミサイル防衛は法解釈上の問題も派生している。

たとえば、弾道ミサイルを発射前に粉砕する〝拒否〟というもの。これは具体的に書けば、相手の基地の発射台を発射前に攻撃してしまおうというものだ。

実際、弾道ミサイルの発射準備には最低で半日ほどかかるので、この〝拒否〟が弾道ミサイルに対しては一番有効な防衛手段となりえる。が、今のところ防衛白書には、この〝拒否〟については触れられていない。自衛権の枠を超えてしまうのではないかという論争があるからだ。

〝拒否〟する際、ミサイルの設置準備が整ったこととその照準が日本に向いているということを証明しなければならない。そうでなければ、十分な状況証拠が揃っていたとはいっても、一方的に日本が他国に向かって先制攻撃したと捉えられかねないからだ。

先制攻撃の〝拒否〟が自衛の範囲にあたるかどうか、検討はされているようだが、防衛庁内部でも意見は分かれている。〝拒否〟については、国会で検討されなければならない問題が、もし自衛の範囲内だという結論に達したなら、中国や北朝鮮を始めとする東アジアの国々が再び

強く日本批判を始めるのは明らかだ。

〝拒否〟は、仮に1発目が日本に落とされてしまった後、あるいはBMDで迎撃に成功した後に発令されるべきものであり、2発目、3発目の弾道ミサイルに対するものを指すのだという解釈もある。相手がやってきたからやったということであれば、もし敵の国土にあるミサイル基地を攻撃しても、自衛権の範囲におさまるという理屈だ。

いずれにせよ、この防衛庁内の意見の相違は簡単に決着をみることはないだろう。だが少なくとも弾道ミサイルの危険性を避けるためには、この〝拒否〟を利用することがベストなのだ。

最後に。BMDについては、いまだ各国とも開発の最中である。したがって国際情勢を冷静に見つめたときに、相手の急所をピンポイントで狙うことができる弾道ミサイルがもたらす力は、現在では外交上のカードになりうる。

だが、ひとたび誰かが弾道ミサイルの発射ボタンを押してしまえば、ドミノ倒しのようにいろいろな国から国へ次々と弾道ミサイルが飛び交う事態にもなりかねない。

ミサイルの発射ボタンは、正気の人間に握っていてもらいたい。我々にできるのはそう願うことだけである。

最凶・最悪の殺戮兵器に対抗せよ！

自衛隊のＮＢＣ兵器対策

ＢＣ兵器については第一章でも解説したが、軍事の世界では頭にＮ（Ｎｕｃｌｅａｒ＝核）をつけてＮＢＣ兵器として扱われるのが一般的。人を大量に殺すことだけを目的に作られたこの凶悪な兵器に対する策は自衛隊にあるのだろうか。

世界を震撼させた虐殺ウェポン、ＮＢＣ兵器

コミック界の大ヒットメーカーである浦沢直樹という作家による『20世紀少年』（小学館『ビックコミックスピリッツ』にて連載中）というマンガをご存知だろうか。東京（トーキョーシティ）を舞台に世紀末～近未来にかけて、新興宗教の教祖から絶対的権力を持つに至った〝ともだち〟と呼ばれる人物が、２度の大量殺戮兵器の使用により世界を破滅に導く話である（かなり恣意的に要約しているが）。

この２度の大量殺戮に使われているのが、１度目が〝毒ガス兵器〟。２度目は〝ウイルスによる細菌兵器〟なのだ。驚くべきはこの作品の連載開始が、いわゆるＮＢＣ兵器という言葉が一般的になる以前であることだ。東京でＮＢＣテロが起こるとどうなるか、ひとつの（最悪のケースの）答えを示している作品である。現実世界の不安を取り込み、最悪のパターンが進行する過程を読み進めると、マン

ガだとわかっていても背筋が冷たくなることがある。

　NBC兵器（＝大量殺戮兵器）という言葉が日本において認知されるまで、いくつかの段階を経ている。まずはあまり知られていない事実から。1993年6月〜7月、オウム真理教の信者が東京亀戸で「炭素菌」をばら撒くという事件が起きている。幸いその炭素菌に毒性はなかったが、万が一毒性が残っていたら、近隣住民には確実に大きな被害が出ていただろう。ここでNBCのB＝Biological　Weapon、生物兵器というものの存在がクローズアップされることになる。

　そして2001年の米国。テロ行為といえば、語りつくされた感もある2001年9月11日の大惨事。これを忘れている人はさすがにまだいないだろう。しかしその直後に米国全土を震撼させたテロ事件があった。その事件こそが日本では不発となった生物兵器、炭素菌が使用された生物兵器テロ、いわゆる〝炭素菌事件〟である。武力テロとはまた異なる、心理的な恐怖心が世界を包み込んだその事件。粉末状の炭素菌を郵送で送るという、対策を講じがたい手段もまた恐怖を呼んだ。

　そしてNBCのC＝Chemical　Weapon、化学兵器という言葉が現実的な恐怖心を帯びて使われるようになったきっかけの事件が、1995年の俗にいう〝地下鉄サリン事件〟だ。オウム真理教によるサリンを使用したテロ事件で、6000人以上の被害者と、12人の死亡者を出している。

これにＮｕｃｌｅａｒ Ｗｅａｐｏｎ＝核兵器を含めた3種類の兵器の総称がＮＢＣ兵器であり、それらを使ったテロ行為はＮＢＣテロと呼ばれる。これはもちろん現代世界において極めて現実的、かつ最凶の犯罪のひとつである。ＮＢＣテロが現実味を帯びた恐怖である現状において、それに対抗する手段を講じるのは当然である。

事前対策が不可能だからこそのＮＢＣ兵器

しかしＮＢＣ兵器のもっとも恐ろしく共通した特質は、個人レベルでの完全な対応がほぼ不可能に近い点につきる。となると国家レベルの対応が問題になってくるのだが、それを検証する前にまずＮＢＣ兵器とは何を指すのかについて、個人レベルで可能な対応策を考察しつつ、すでに紹介した例も含めて確認する。

Ｎ＝核兵器について。現在世界中には、世界を数百回破滅させて余りあるボリュームの戦略核兵器が存在するとされている。放射能や熱線、爆風の被害もさることながら、同様に恐ろしいのが爆発地点付近の物質が気化し放射性物質と混ざり合ってできる放射性粉塵である。テロという観点で見ると、この放射性粉塵の威力は見逃せない。

放射性粉塵は風や気流に乗り風下方向に広範囲に渡り、汚染を拡大する。万が一体内に取り込んでしまうと、取り除くことはできず、放射能の半減期が長い物質の場合、恐ろしいことに一生放射線を浴び続けるのと同じことになるのだ。

この放射性粉塵を個人レベルで防護するには、高性能のフィルターを使用したフィット性のよいマスク（防塵マスク、NBCマスクなど）が必要となってくる。しかしながら爆心地周辺にいた場合は、残念ながら助かるすべはない。

次いでB＝生物兵器について。そもそも生物兵器とは、人間または動植物に対して疾病や致死に至らしめる微生物、および毒素を指す。利用される病原微生物、あるいはその毒素を生物剤という。生物剤は細菌、ウイルス、リケッチャ、真菌類、毒素と多様である。

生物兵器として効果的な病原体は、感染力の強さと致死率の高さで言えば天然痘ウイルス、また逆に特定人に対するテロの場合には人から人への感染がない炭素菌（細菌）などが有効であると言える。これらの生物剤の吸入を阻止するには、放射性粉塵の場合と同じように高性能フィルターが付いた機密性の良いマスクが必要になってくる。ただし、極めて小さなウイルス粒子のレベルでの性能確認はできていない。

最後にC＝化学兵器について。前出のサリンはタブンやVX同様、人間の神経組織に作用し、縮瞳、意識障害などを引き起こす〝神経剤〟に分類される。目と肺を侵すびらん剤、青酸ガスなど細胞内の酵素に作用して新陳代謝を阻害する血液剤、塩素などの窒息剤に分類される。対応するには、使用が予想されるすべての化学兵器に対応できる吸収缶を装備した防毒マスク、および皮膚や粘膜から侵入してくる神経剤やびらん剤に対応するNBC用防護服、防護フード、防護手袋、防護靴などが必要だ。

これら化学兵器の大きな特色のひとつは「空気よりはるかに重い」元素を使用している点にある。空気より軽い元素の場合、拡散は早いがすぐに上空へと霧消していき、十分な効果は得られない。地下鉄などは、まさに化学兵器（毒ガス）にはぴったりの舞台であったといえる。

もしBC兵器が東京で使われたとしたら

さて、これらNBC兵器が実際に東京で使われたら、国家はどのような対応ができるのかをシミュレートしてみよう。使用されるNBC兵器としては、我々に馴染み深い（!?）サリンおよび炭素菌が使われたとする。平時、テロリストがNBC兵器を散布する態様は次の3パターンが考えられる。第1は日本の領海、領空外よりミサイルなどにより散布するケース。第2に領海、領空内より航空機、艦艇などにより散布するケース。第3に国内に侵入したテロリストが散布するケースである。

仮に東京に化学兵器（この場合サリン）が空中散布された場合を想定すると、前述のとおり毒ガス兵器は総じて空気よりかなり重い元素なので、被害者を出しつつ低地へ低地へと溜まっていく。位置的に言えば、杉並区から都下にかけての中央線沿線あたりがもっとも被害が甚大になるであろうと予想できる。

具体的な施設を狙ったテロでは東京ドームや日本武道館、もちろん地下鉄などの密閉された空間が非常に危ない。

▲地下鉄サリン事件でも活躍した、化学防護服を着た自衛隊員。この防護服がなければテロに対抗することはできない。

それではこの未曾有のバイオハザードに対して、国家は何ができるのか。

日本政府はNBCテロへの対処に関わる関係官庁の意見を取りまとめるため、2001年8月1日〝NBCテロ対策会議〟を設置した。関係省庁とは警察庁、防衛庁、消防庁、法務省、外務省、厚生労働省、国土交通省、海上保安庁だ。

そのうち実際に現地にて、テロによって引き起こされた特殊災害への対応を行うのは、やはり防衛庁・自衛隊である。現行の防衛大綱には、防衛力が果たすべき主要な役割のひとつとして、その対応を盛り込んでいる。00年に策定された〝中期防衛力整備計画について〟の文言に基づき、陸自が検知・防護・除染・防疫・救出・治療などの面で中心的な役割を担うことになっている。

自衛隊の役割はあくまで事後処理に限る

現行の体制上では陸自は特殊災害の初動対処要員を指定し、化学防護車、除染車、防護マスク、化学防護服など各種防護器材を充実させ、約1時間で出動できる体制を常時維持している。

また特有の刺激臭や色彩などにより、五感による察知が比較的容易な化学兵器に比べて、生物剤の場合、その潜伏期間や初期症状の多様性から、事件発生の認識が遅れがちである。そんな中で検知・特定能力を速やかに備えるため、平成16年度予算において、生物剤の検知・識別を行う装置を載せた生物偵察車なる器材が陸自化学防護部隊に導入されている。

しかし、自衛隊の防護活動はあくまで〝対症療法〟である。被害が起きないよう投入されるのではなく、被害の拡大を防ぐべく投入される。本質的に投入された時点で〝手遅れ〟というのはなんとも切ないが。

もちろん何事もない社会生活に自衛隊員が介入してくるような社会は、健康体に風邪薬をぶち込むようなもので、それ自体不健康な社会である。その前提のもとで考えると、人員・器材とも課題は残るものの徐々に体制は整いつつあると言えるだろう。

地下鉄サリン事件が起きた際は、現場に駆けつけた警察官自身が〝サリンの臭いを嗅ぐ〟という愚行を行っている。これは当時における防護体制のレベルの低さというより、一般的なテロに対する意識の低さを露呈するエピソードであった。

▲有毒なガスなどで汚染された地域を自由に行動できる化学防護車。車内には空気清浄機が取り付けられ、ガスマスクを装着することなく放射線測定器、ガス検知器などで車外の汚染状況を迅速かつ正確に把握することができる。

事件より9年余り経つ現在、先に述べたようにNBCテロに対する国家防護体制は、徐々に整いつつある。あとは、事件発生を未然に防ぐための戦略に加え、国民意識の啓発――IRAのテロが頻発していたロンドンでは、地下鉄でかばんが置き去りにされているのが発見されただけで、発見者は警察に通報して一目散に逃走した――が、被害を最小限に抑えるための一番の方策なのだ。

競技場や公園も！

緊急時における自衛隊の仮設駐屯地

有事の際、四方八方から攻めて来る敵に対応するためには、駐屯地以外にも拠点が必要になる。そこで首都の施設の中で、仮設駐屯地として使える建造物をピックアップしてみた。

駐屯地に適しているのは首都に点在する競技場

いざ有事の際、都内には多くの自衛隊駐屯地が必要となる。

普段は自衛隊宿舎や自宅に住んでいる自衛隊員だが、有事となった瞬間から24時間勤務となるからだ。

日本全国25万人の自衛隊員がそろって寝起きをして戦うためには、臨時の駐屯地が数多くなければならないのだ。

そして、もっとも駐屯地に向いているのは、周囲を何かで囲まれた広い平地である。首都圏で言えば、国立競技場、味の素スタジアム、横浜国際競技場といったところか。

イラク戦争の際、アメリカ軍はバグダッドにある国際競技場を接収し、駐屯地兼戦車・装甲車・ジープの駐車場とした。なぜそんな場所が駐屯地に向いているのだろう。

「周囲を何かで囲まれている」と、まず警備がしやすくなる。出入り口をガードすれば、侵入者を防ぐことも容易である。

有事の際には、それこそ何があるかわかったものではない。とくに日本の首都・東京には、日本人ばかりでなく、外国人が数多く存在する。彼らが必ずしも日本側につくとはかぎらない。相手国につく場合も十二分に想定される。そんな人々がゲリラとなって武器を手にし、国内からの撹乱を狙う可能性だってあるのだ。

さらに有事の際、第2次世界大戦の時のような挙国一致体制はとれないだろう。たとえ一方的に攻め込まれた戦いとはいえ、戦いに反対する人々もいれば、強固に戦うことを主張する人々もいる。反戦派がゲリラになるのは何も珍しいことではない。

イラク戦争では、バグダッド陥落後は、まるでバグダッド市民はサダム・フセインの圧政から開放されたように振る舞う報道が多くあった。サダム・フセイン像が倒される時、アメリカ軍と一緒になって喜んでいた現地のイラク人の姿があった。

ところが今ではどうだ。武装した宗教勢力が台頭し、イラクは混乱の極みに陥っている。

有事の際、防衛庁は内閣総理大臣の下に統括されるが、日本人すべてが内閣総理大臣を支持しているわけでないのは明らかである。平時はおとなしいイメージのある日本人も、有事に際して不満が爆発する可能性もある。

一方、自衛隊員は防衛庁長官の下、「上官の命令は絶対」という倫理で動いている。これに警察組織が加わって日本の体制の維持を試みるのだ。そのために彼らは銃を手に立ち上がる。そして、有事の際にものを言うのは、やはり武器なのだ。その武器を管理するために、先に挙げたように管理をしやすい場所が必要となってくる。

また、新宿御苑、明治神宮といった広い緑地も自衛隊が使うことになるだろう。おそらく、彼らが寝起きをするためのテントが張られ、緊急の病院も出来上がることになる。そして自衛隊員への食料などの支給もこの臨時の駐屯地で行われることになる。

現在でも、自衛隊の演習は、テントを張り、実戦さながらの状況で行っているが、自衛隊員の食料などの支給もこの臨時の駐屯地で行われることになる。

ちなみに自衛隊には耐久性のある乾パンや缶詰の〝戦闘糧食1型〟と、レトルト食品を活用し、飛行機の機内食に近い〝戦闘糧食2型〟がある。自衛隊員には2型のほうが圧倒的に人気があるという。が、戦闘時、1日に必要とされる3300キロカロリーをまかなうには物足りない。したがって炊き出しも行われる。ならば、水道施設をすぐに利用できるスタジアムが臨時の駐屯地としてベストであるのは間違いない。排泄物の処理用に臨時トイレを設けなくてもよいというメリットもある。

自衛隊の情報基地とその拠点となるのは市ヶ谷の防衛庁だろうが、その際には赤坂御用地が駐屯地として利用されることも考えられる。市ヶ谷から距離が近いし、広さも十分にあるのだ。

以上ざっと有事の際、仮りの駐屯地になりそうな施設を洗ってみた。こうみると首都のあらゆるところに仮設の駐屯地を作ることができる。もし、あなたの家のそばに周囲を何かで囲まれた広い平地がある場合、頼りになる自衛隊駐屯地が出来上がるに違いない。

◀迎賓館のある、赤坂御所が駐屯地として使用される可能性もある。有事の際は広い場所が必要なのだ。

▲首都を代表する寺社の１つである明治神宮。渋谷至近で広大な土地を持つため、繁華街で大規模なテロが起きた場合はここが自衛隊の駐屯地になる。

首都防衛の頼みの綱！

有事における自衛隊駐屯地の動き

有事の際に頼りになる自衛隊が駐留しているのがこの駐屯地。その軍事的性格から敵国の攻撃対象ともなりうる。知ってそうで知らない、そんな自衛隊駐屯地の全容に迫った。

有事に対応する自衛隊員たち

ここまで、自衛隊がいかに部隊を展開するかについて言及してきた。それでは有事の際、自衛隊基地はどうなるのだろうか？

自衛隊の駐屯地が公開されるのは、せいぜい年に1、2度。地元住民との交流で自衛隊に対する理解を深めてもらおうというイベントの時だけである。もちろん、その姿は有事におけるそれとはまったく違う。専守防衛という足かせがあるにせよ、銃を手にして戦う自衛隊員本来の姿は、やはり有事の際にこそ浮かび上がる。

自衛隊員は現在、日本全国で約25万人いる。しかし、有事となればこれに6万人ほどプラスされる。何も普段から制服を着て駐屯地にいる者だけが自衛隊員なのではない。防衛白書にはこうある。

「多様な事態に対して有効に対応しうる設備をし、同時に事態の推移に円滑に対応できるよう、適切な弾力性を確保することが適当であり、自衛官の定数については、平素は必要最小限で対応しつつ、有事などには、その要所を緊急に満たせるように、日頃から予備の自衛官を保持することが重要である」

これはつまり、非常勤の自衛隊員として普段は他の仕事についている〝隠れ自衛隊員〟がいることを意味している。そしてその隠れ自衛隊員は、即応予備自衛官、予備自衛官、予備自衛官補の3つに分けられる。即応自衛官は年間30日の訓練招集に応じなければならない。予備自衛官と予備自衛官補は人によって回数は違うが、年に何日かは自衛隊員として制服を着て訓練も行っている。ちなみに、後者の2つは訓練が義務付けられているわけではなく、あくまでも任意。中には訓練を年間1日しか行わない人もいるそうだ。

人数はそれぞれ、即応予備自衛官が8000人弱、予備自衛官が5万人弱、予備自衛官補が700人。

有事の際、こうした隠れ自衛官は駐屯地に集結する。部隊が展開したため手薄となった駐屯地を守りながら、即応自衛官を中心に再訓練をする。

もちろん有事において、駐屯地は再訓練の場として機能するだけではない。駐屯地は同時に、重要な武器庫となる。

平時から駐屯地には、数多くの武器と弾薬が集められている。一説によれば、約25万人の自衛隊員と約6万人の〝隠れ自衛隊員〟すべてに銃を持たせても、まだ余剰があるほどだという。

一方で、自衛隊は実は1人あたりの銃弾の数の用意が、先進国の軍隊よりもかなり少ないということだ。武器はあるが弾薬は少ないのだ。米軍の1人あたりの銃弾の数と比較すると何と3分の1以下だという。これも専守防衛からくる悲しい現実なのだろう。

いざ有事の際には駐屯地周辺は激戦区に!?

どのような戦闘が繰り広げられようと、自衛隊の基地というのは、絶対に守られなければならないものである。自衛隊基地が敵国の手に落ちたり、破壊されるような事態に陥った場合、戦力以上に危惧されるのが戦意の低下だ。これは前線で戦う自衛隊員の志気にも関わってくる問題である。そして敵国のみならず、ゲリラや反体制活動家もこの機に乗じて自衛隊基地を陥落させようとするはずである。当然、敵国のミサイルは自衛隊基地を目がけて飛んでくる。かような理由で、首都防衛の楔(くさび)である駐屯地近辺は、かなりの激戦が予想される。

まして、有事の期間が長びけば負傷する自衛官も増えるだろう。また、最悪のケースでは殉死してしまう自衛官も少なからずいるだろう。

そのため有事の際には、病院や学校、役場といった駐屯地の側にある施設が接収されることになる。

自衛隊は独自の医療施設を持っているが、それはあくまでも自衛隊員だけのもの。ベッドの数も薬も絶対量が少なすぎる。一般の人が傷ついても、とても自衛隊の医療設備では対応ができない。

したがって、自衛隊の一般の人々への

医療は病院で行われることになるが、その際には自衛隊のコントロール下に置かれることになる。むろん自衛隊員が一般の病院で治療を受けることもある。

有事に際しては、自衛隊員と一般国民は一蓮托生、持ちつ持たれつの間柄でなければ、効果的な戦闘体制を組むことはできない。もちろん、優先されるべきは個ではなく国家、すなわち自衛隊の方である。周辺道路も、自衛隊のために急遽拡張されるようなこともあるだろう。戦略的にも戦術的にも重要な駐屯地の防衛が、何事にも優先されるのは仕方のないことだと言える。

もっとも、有事が終了した際には、接収されたものは返還し、自衛隊のために広げられた道路などはすべて元通りにして国民に戻すべしと、自衛隊法には明記されている。

有事が永遠に続くことはありえない。当然のことだが、自衛隊は国土を守るだけでなく、国民を守る義務を持つ。そんな彼らの協力要請を断ることは法律上できないが、国家の一大事に協力要請を断るような日本人が果たしているだろうか？　そんなことをわざわざ法制化までして強制する政府国家と国民の間に、温度差があるような気がしてならない。

入隊3ヵ月間は教育機関 覚えるのはまず銃の扱い方

現在、自衛隊は入隊してから最初の3カ月を教育期間と位置づけている。つまり、どんなに急いでも、自衛隊員になるには3カ月は必要なのだ。平時だろうが有事の際だろうが、その原則は変わらない。志願兵を教育するのは、当然、自衛隊基地の中である。もっとも、この3カ月というのは、せいぜいひと通りの銃の撃ち方を覚えられる程度の時間である。あとはせいぜい匍匐前進といったところか。当然のことながら、護衛艦に乗り込んで専門的任務につけるわけでもなければ、戦闘機を操縦できるはずもない。しかし、それでも貴重な戦力であることには変わりがない。

現在、首都圏には海上自衛隊、航空自衛隊、陸上自衛隊の基地が全部合わせて13ある。そのほか、配属を待っている、あるいは配属の決まっていない自衛隊員が住んでいる施設が25ある。

その他、前項で述べたように臨時で駐屯地となる場所も多い。首都東京を守るためには、自衛隊のための施設が数多く必要なのである。有事の際は、これらの自衛隊施設は特別の連絡網で有機的に連動してことに挑むはずである。我々国民にできるのは、日々鍛錬を積む自衛隊員たちの努力が無駄に終わらないことを信じることだけである。

世界最強の軍隊

アメリカ軍が日本を守る!?

日米安全保障条約によって日本の領土に基地を持ち続けているアメリカ軍。そんな彼らだが有事の際、自衛隊の頼もしい援軍となるに違いない。

日本各地に点在する在日アメリカ軍基地

米軍基地は日本の中のアメリカである。日本の法律が適応されることはなく、基地の中は治外法権。規律の乱れた米兵による事件も少なくないし、演習のための飛行機が墜落することもある。

米軍基地周辺に住む人々にとっては、非常に迷惑な場所というイメージがあるはずだ。しかし、日本の防衛のためには日米防衛協力が前提だ。有事の際には、当然、米軍基地も多くのアクションを起こすことになるだろう。

米軍行動関連措置法では「武力攻撃事態等において、日米安保条約に従って武力攻撃を排除するために必要なアメリカ合衆国の軍隊の行動が円滑、かつ効果的に実地されるための措置、その他の当該行動に伴い、日本が実地する措置について定めることにより、わが国の平和と独立並びに国及び国民の安全の確保に資する」と、規定されているのである。

簡単に言ってしまえば、有事には在日

米軍は自衛隊とともに日本のために戦うということである。

首都圏の米軍基地と言えば、まず東京・横田の米空軍基地、神奈川の厚木海軍基地、そして陸軍の座間キャンプなどが挙げられる。横田には100機近い戦闘機が配備されており、海軍基地には米国からの空母や潜水艦なども寄港する。座間には、2000人以上の陸軍兵士が常駐寝泊りをしているといわれる。しかし、その実情をアメリカは軍事機密として一切発表していない。

基地の中は基本的に米軍兵と軍関係者しか入ることはできない。

在日米軍基地は日本の自衛隊の駐屯地の雰囲気とはまったく異なる。ガードも固いし、侵入を試みる人間に対しては断固たる措置をとる。簡単に米軍基地を襲撃することなど、ほとんど無理だろう。在日米軍反対派の人々がデモをかけることもあるが、そんなことはまったく意に介さないといった趣きで存在している。

日本が有事の際は、この米軍基地の緊張感はグッと高まることになる。日本の有事は在日米軍にとっても有事なのだから。そして米軍基地の存在は、日本に攻め込んできた相手にとっては、ひょっとしたら日本の自衛隊よりも、手ごわいかもしれない。

在日米軍は、自衛隊とともに日本のために戦うとはいえ、米兵が日本の自衛隊とともに中に入って戦うわけではなく、あくまで独自の戦い方を展開する。いつ何時であっても、米軍は米軍なのだ。

自衛隊の指揮権は防衛庁長官が握っており、その上に時の首相が位置する。米軍の意志を決定するのはあくまでアメリカ大統領であって、いくら在日米軍とはいえども、日本の防衛庁長官に作戦の指揮をあおいだりはしない。だが、完全に別働隊となるかというとそうでもない。日本の自衛隊の戦略をしっかりと把握した上で、効果的な作戦をとることになる。

情報に関しては、日本政府は米軍に必要な情報を差し出さなければならないことになっている。つまり自衛隊がどのように戦うのかをすべて米軍は知った上で作戦、行動を起こすのである。さらに米軍が行動をする際に必要なものを日本政府は可能な限り提供しなければならない。

例えば地方公共団体が所有する施設、学校や公園、飛行場、港といったものでも、政府が間に入って米軍が使うことのできるように、調整を行うのだ。また、日本の自衛隊は、米軍が必要とする物品の提供（兵器は除く）を行わなければならないし、さらに米軍に防衛出動を命じられた自衛官はそれに従わねばならない。

以上のみならず、米軍は必要とあらば防衛庁の機関、さらに自衛隊の部隊などまで、使うことができる。米軍は日本のために戦う。しかし、こうして確認すると、自衛隊が（その一部が）米軍の指揮の下に戦うことになるのは明らかだ。

アメリカに気に入られる人材が出世をして行く

実際、元自衛隊員はこう言う。

「はっきり言って、有事となれば自衛隊は米軍の一部となって戦うことになるでしょう。これは間違いのないことです。

日本国内にいる限り、陸上自衛隊は比較的自由ですが、航空自衛隊、海上自衛隊は完全に米軍の指揮下に置かれることになるでしょう。航空自衛隊も、海上自衛隊も、幹部になるために一度はアメリカに研修に行かなければならないし、英語力がなければ出世できない。彼らに日本人としてのプライドがあるかどうかはわかりませんが、有事の際には、彼らの指揮はアメリカ大統領だとみんな思っていますよ」

日本人にとってはショックかもしれないが、これは事実だと言わざるを得ない。ただ、自衛隊がここまで大きくなった過程を考えると、これも当たり前のことかもしれない。

もともと自衛隊のルーツは、GHQの要請で1950年にできた警察予備隊である。

翌1951年、サンフランシスコ平和条約が調印され、7年間の米国の占領は終了するが、アメリカは日本に対して再軍備を要求する。警察予備隊は1952年には保安隊に改組され、海上警備隊も新設された。さらに日米相互防衛援助協定により、アメリカの軍事・経済援助を受けながら、1954年に新設された防衛庁の統括のもとに陸・階・空の自衛隊が発足するのだ。

日米安保がある限り米軍は日本のために…

当時は朝鮮戦争の勃発とともに、東西陣営が激しく対立する時代でもあった。そのため、日本の独立と平和を守るために米軍の駐留が大前提で、アメリカ政府もまた、東アジアの軍事拠点としての日本を重要視したのである。それが1960年に締結された日米安保条約に如実に表れている。この条約はお互いに相手を尊重するという平等条約ではなかった。例えば、日本で内乱が起きた場合は、米軍が出動するという規定があった。さらっと読んでしまうと何でもないように感じるが、逆にアメリカの内乱に日本が出動できるだろうか。いや、できない。明らかな内政干渉になってしまうからだ。ところが、同じことを日本で米国が行うのは問題ないのである。無論、この条約は論議を呼び、次第に改定されていくのだが、冷戦が終了した今もなお米軍が日本に駐留している事実に変わりはない。

ただ、先の元自衛官のように自衛隊を卑下する者がいる一方で、その反対の者もいる。

「むしろ、大国アメリカを使ってやっているんだって考えることもできる。アメリカは軍事衛星から詳しい情報を掴むことができるけど、前線で動くのは日本人。そこでアメリカにはこちらの都合のいい解釈をした情報を掴ませれば、逆にアメリカが我々の意図するままに動いてくれるというわけですよ。在日米軍を動かすのは、日本の考え方次第なんですよ」（軍事関係者）

議論はいろいろあるものの、とにかく、日本には米軍基地があり、首都〝東京〟防衛の際に戦うというのは事実。それをどう受け止めるかは、各個人の自由である。

合同演習から見る

日・米・韓の軍事的相互関係

中台関係、北朝鮮問題、領土問題などなど、東アジアの情勢は常に不安定である。そんな中で存在感を増すアメリカ、そしてその同盟国である日本と韓国。この三カ国の関係を確認していこう。

アメリカを中心とした日韓の合同演習の裏側

アメリカ軍と韓国軍、そして自衛隊の関係は、アメリカを頂点としたトライアングルの形で安定しているように見える。

特に海上自衛隊の演習では、この〝水魚の交わり〟ぶりが顕著になる。1999年に日本海で行われた日・米・韓の合同演習の内容はこうだ。

北朝鮮が軍事境界線を越えて韓国に侵攻、これに米軍と韓国軍が応戦する。アメリカ軍が武力衝突に陥った場合、その後方支援ができることを定めた周辺事態法が発動される。それを受けた海上自衛隊は、日本海に進出した米空母キティホーク以下、米海軍第7艦隊への物資輸送・洋上補給を開始。そして大型輸送艦おおすみや護衛艦が韓国にいる邦人を救出すべく韓国へと出発する。さらに日本海に不審船が現れて自衛隊に海上警備行動が発令される。イージス艦は弾道ミサイルを探知すべく日本海へ。さらに機雷を除去する掃海艇まで出動する…という本格的なものだった。あまりにリアルすぎて、北朝鮮を刺激しすぎるのではないか、と心配してしまう人も多かったほどだ。

この演習の目的について、元自衛隊員はこう語る。

「演習設定はリアルなものほどいいと言われていますし、当事者もその気になる。そしてこの設定は北朝鮮に伝わっているハズ。まあ、このくらいやれるんだぞ、ということを見せつけているわけです」

さらに99年の合同演習では、韓国海軍と海上自衛隊の護衛艦が、済州島沖の東シナ海で遭難船から民間人を救助する訓練を行った。歴史的に何かと遺恨を残している普段の日本と韓国からは想像できないような親密ぶり。これが意味するところは何なのだろうか。

「こうして頑張ってアメリカ海軍に気に入ってもらおうということなんですよ。努力の姿勢を見せることによって、有事の際、米軍に助けてもらえることを期待しているんです」（前出・元自衛官）

北朝鮮の問題もそうだが、その後には着々と軍備を増強している中国が控えている。そんな時に自国だけでは心もとないのでアメリカと良好な関係を築いておきたいのだ。

海上自衛隊がそんな演習を繰り広げた同年、陸上自衛隊も在日米軍とともに、日米共同方面隊指揮所演習を陸上自衛隊伊丹駐屯地で行っている。ちなみに、中部方面隊での合同演習は史上初の試みだ。２５０台のコンピュータを使った図上演習で、ひらたく言えばシミュレーション。自衛隊員約２２００人、アメリカ軍１０００人の指揮官クラスが参加した大規模なものだった。内容は、10日前に北九州付近と山口県西部に上陸した敵軍を、自衛隊が迎え撃つ。自衛隊は仮想敵軍の激しい攻撃に耐えつつ、そこに米軍が合流し、敵を打ち破るというものだった。

正直、このシミュレーションのように日本が上陸を許す可能性は低い。結局のところこれも米軍との仲を深めるためのものなのだ。

90年から始まった米軍を挟んだ三角関係

90年代前半、韓国軍は、日本を刺激するかのようにアメリカ軍との2国間共同軍事演習を行い続けた。年間の合同軍事演習を日本が年間3回やるならば、韓国軍はその倍、アメリカ軍と軍事演習を行っていた。韓国海軍が完全に日本を出し抜いていた格好だ。それに嫉妬したワケではないだろうが、当時、自衛隊（特に海上自衛隊）はアメリカ軍との軍事演習を頻繁に行った。

かように交流がほとんどなかった日韓だが、北朝鮮がノドンやテポドンの発射実験を行うに至り、危機感を抱いた両国の交流が始まった。

一説によると、北朝鮮軍は常時92万人の陸軍兵がいるという。対する韓国陸軍は56万人。これに在韓米陸軍２万７０００人、沖縄の米海兵隊１万３０００人が、朝鮮半島での有事の際に加わり、自衛隊は後方支援に回ることになる。

数では北朝鮮軍がかなり韓国・アメリカ連合軍をリードしているが、戦車などはロシア製や中国製の中古品ばかりで、１９７０年代に作られたものが主流だという。しかも燃料がなく、実際に動くかどうかは不明。数を頼りにしているが、ミサイル以外は怖くない、とも言われている。

そんな北朝鮮が突然行動を起こすとは考えにくいが、米軍を中心とした自衛隊と韓国軍の蜜月のような関係は、これからも続くことだろう。

「とにかくアメリカとは仲よくしたい。日本の自民党の政治家はみなそうでしょ。それには韓国が邪魔になるときがある。実際、アメリカ本土には日本人より韓国人のほうが多く住んでいるしね。なんとか韓国をリードしたい日本は合同演習をしたくて仕方がないといったところなんですね」（前出・元自衛官）

アメリカが世界唯一の超大国として覇を唱える今、こうした状態はしばらく続くだろうと見られている。

▲対馬沖で行われた日韓捜索救難共同訓練に参加した韓国の艦艇。

軍事のスペシャリストが分析！

神浦元彰が語る　要塞都市の備え！

東京には、隠されてはいるが軍事利用できる施設がたくさんある

――まずは東京の防衛対策についてお聞きしたいのですが。

それでは、空港の話からしましょうか。近くに地図がありましたら、空港を探してみてください。羽田や成田だけでなく、横田や厚木などの飛行場でもかまいません。基本的に空港のそばには、大きめの公園やゴルフ場があります。戦争時は制空権を奪うため空港が敵に狙われます。そんなときにパトリオットミサイルをはじめとする移動式・地対空ミサイルの設置場所に適しているから、そばに公園が作られているのです。

――空港のそばの公園には戦略的な要素が隠されているんですね。

これは都市防衛の基本です。パトリオットミサイルはこのような公園やゴルフ場以外にも、河川敷とかに設置して敵を迎撃するという想定なんですよ。

――そのほかに何かありますか？

軍事関係者の間では常識なのですが、重要なものとしては国道16号線があげられます。横須賀の海上自衛隊基地、米軍基地から、横田基地や航空自衛隊の入間基地などを結んで最後は千葉の木更

▲空港を守るために、そばにある公園やゴルフ場に配置されるパトリオットミサイル。

津の基地までを結ぶ日本の戦略的な首都防衛ラインですからね。余談ですけど２００３年まで自衛隊で装備として採用されていた60式自走無反動砲は、地下鉄で輸送することができたんですよ。地下鉄のサイズとぴったりだから、台車に乗せて輸送でき、階段も昇れるわけです。そういう使い道があったからこそ、１９６０年の制式採用から43年間もの間、自衛隊の装備として使用されていたんですよ。

――55年前の兵器でも役に立っていたってことですね。

そうです。今では新しい軽装甲機動車をガンガンヘリで運べちゃいますから、ついに廃止されちゃいましたけどね。

――その施設を活かして自衛隊はテロに対抗できるのでしょうか？

残念ながら絶対にテロは防げません。というのはテロを起こす側にいつ、どこで、どのようにといったイニシアチブを完全に握られていますから。一方で守る側は、それらすべてに対応しなければならないのです。アメリカのラムズフェルド国防長官も著作の中で同じことを言っていますよ。

——たしかに主導権はテロリスト側にあります。でも自衛隊もそれなりの訓練を積んでいるのではないでしょうか？

自衛隊の訓練といっても、ドアをどんな感じで開けたり、どのように窓から侵入するか、といったことばかりをやっています。そんなものは部屋中にワイヤーを張り巡らされて、ドアを開けたとたんにスイッチが入る爆弾でも設置されちゃえば、一発で終わりですからね。今年の3月にスペインで起きた爆弾テロを見てもわかる通り、テロは劇的に進化しています。爆弾といえば時限式が主でしたが、今では携帯電話を使用した爆弾がメインになっているくらいですから。

——携帯電話は最近登場した手法ですね。

そうです。電話をかければ爆発する仕組みですから、最大の効果をあげられるときにタイミングよく爆発させることができるってわけです。これを〝指令爆破〟って言うんですよ。

——日本で狙うとしたら新幹線になるのでしょうか。

そうですね。新幹線では現在、テロ対策でゴミ箱が封鎖されていますね。でもスペインと同じようにナップサックに爆弾を入れて網棚に放置したとします。そんなナップサックを怪しいと思う人は少ないですよね。で、200キロを超えるスピードで走っている最中の新幹線で爆発したら…。新幹線は自身のスピードが持つ力、これを応力（ベクトル）というのですが、それでバラバラになってしまうというわけです。新幹線の最高スピードでネジレが加わる。前の車両で爆発すると被害は甚大になるというわけです。そして対向車が来ているときに爆破すれば、対向車を巻き込んで大惨事になることが予想されます

——それだと、飛行機も危ないと思うのですが？

新幹線よりも危険でしょうね。飛行機のスピードは新幹線よりも圧倒的に速いので、当然かかる応力もケタちがいです。飛行機にはいろいろなモーメントがあって、そのひとつでも崩れると、いつ墜落してもおかしくない自壊状態に陥ってしまいますから。

東京の一番のウイークポイントは流通の要〝築地〟である

——なるほど…。では東京ではどのあたりがテロに狙われるのでしょうか。爆弾もそうですが、特に生物・化学兵器などが脅威になりそうですが。

生物・化学兵器を使用したテロですと、築地が狙い目でしょうね。鮮魚の流通の要ですから。炭疽菌、ボツリヌス菌といった生物兵器には基本的に潜伏期間があります。感染が表面化しないうちに菌を保持している魚が首都圏に出回り、潜伏期間が過ぎて一気に感染者が発症するとしたら…。何千、何万人もの人が一気に

発症し、病院は必ずパンクしてしまうでしょう。

――生物兵器で狙われたら、東京はパニックですね。

そうです。化学兵器もまた、生物兵器と並ぶ脅威です。中でもサリンやＶＸガスといったものは、正直なところ、本当に簡単にできてしまうんですよ。大学で化学を専攻している学生で、その研究室が利用できれば問題なく作れてしまいますから。外敵によるテロというよりは、国内のテロリスト、または愉快犯的な者の可能性が高いと思います。

――そんなに簡単に作れるとは驚きです。化学兵器によるテロとは防ぎようがないのでしょうか。

これもまた難しいですね。サリンは無色透明の水のようなもので、ＶＸガスも、油状で長期間効果が持続します。それと、一番怖い大規模なテロというのは、東京湾のＬＰＧやＬＮＧといった天然ガスを狙ったものなんです。これは石油タンカーの爆破よりも脅威です。石油タンカーは確かに火が消えづらく、環境汚染も深刻なのですが、天然ガスの場合は大規模な爆発をともないます。東京湾を航行している天然ガスの運搬船が爆破されて、風向きが都心の方を向いていたとしたら、その爆発力は原爆数個分と同じくらいの威力を持ちます。

――原爆数個分！　東京は完全に壊滅状態に陥るというわけですね。

でも、実際に考えると日本でテロの危険性というのは少ないんですよ。たとえば北朝鮮の工作員が原発を破壊する、という話がよくされますけど、目的を達成する手段としては非常にまわりくどい。テロを行う以上、自ら名乗り出て要求をしなければならないですから。現在の北朝鮮がテロを起こしても、要求することはまったくないですしね。日本に「米よこせ」ってのも変だし、東京への送電を止める、というのならもっと別の方法がありますから。たとえば、今は目標上空に到達するとカーボンファイバーの長いテープを撒き散らし、送電線や変電施設をショートさせてブレーカーを落とす〝ブラックアウト〟爆弾の方が圧倒的に効果がありますから。日本では当面はテロの心配はしなくていいんじゃないかな…って思いますよ。

▲神浦氏が断言した、テロリストに狙われたらまずい場所"築地"。生物兵器を撒かれた場合、東京中にウィルスや細菌が運ばれることになる。

PROFILE　かみうらもとあき
自衛隊少年工科学校を卒業した軍事アナリスト。バランスの取れた分析でテレビや雑誌など、様々な媒体などで活躍している。著書に『裸の自衛隊』（小社刊）『北朝鮮最後の謀略』（二見書房）『北朝鮮「最終戦争」』（二見文庫）など。

あなたの隣にもいる!?

民間人の間にまぎれる〝スパイ〟

東西冷戦が終わりを告げ、緊張緩和とともにその存在意義が薄れてきたスパイ。むろん数は少なくなってはいるが、スパイは現在も世界中で暗躍しているのだ。

日本を舞台にした情報戦が今でも繰り広げられている

スパイというと、たったひとりで乗り込んで、相手を撃破してしまう007シリーズのようなアクション映画を思い出す人も多いかもしれない。

しかし、実際の諜報活動というのはもっと地味なものである。

平沢勝栄衆議院議員は、内閣官房長官秘書官、警視庁防犯部長、防衛庁防衛審議官を務めた日本の情報戦にもっとも詳しい人物のひとりだが、その人が日本の諜報活動人員についてこう発言している。

「警視庁は明らかにしていない。だけど全国で情報収集だけに専任している者が、数千人いる。公安調査庁で1800人、内閣情報調査室で50人いるかいないかであろう」（『ダカーポ』2002年11月6日号）

意外なほど大量の人間が情報収集だけに専任しているのだ。しかし、実際に情報を盗み出すのは彼らではない。こうした公的な人間から金を受け取って、内部から情報を提供する情報提供者を彼らは何人も抱えているのだ。

▲防衛庁。言うまでもなく、スパイのターゲットである。

「北朝鮮でスパイの容疑をかけられて逮捕された元日経の新聞記者は、内閣情報調査室から金をもらったと言っている。内閣調査室に限らず、警察でも公安調査庁がやっていますよ」（引用・前同）

平沢衆議院議員の発言に、誇張などはないと思われる。警視庁をはじめ各県警や警察庁を含めると、日本だけでおそらく1万人近い人間が情報戦にかかわっているのだ。

ただ、日本の場合は情報を集めてテロや有事に備えているだけだが、外国ではもっと大きなスケールでやっている。

表に出てしまった、つまり失敗したスパイのなかでもエリー・コーエンというイスラエルのスパイが行った諜報活動は有名である。10数年かけてシリア政府の事務官にまでなり、シリア政府の軍事機密情報を本国に送っていた。スパイ行為が発覚するとシリア政府は激怒し、コーエンを公開処刑で首吊りにした。イスラエルはコーエンを国家への功労者として公に認め、数年後には別のイスラエルのスパイがコーエンの死体をイスラエルに持ち帰っている。

日本の公安がスパイを作る手口はこうだ。彼らの世界には茶・酒・女という言葉がある。狙った相手に近づいて行き、最初は一緒に茶を飲む。次に酒に誘う。ここまで来ればたいていの人間は信頼してしまう。そして女を抱かせるのだ。女を抱かせれば、後はその場を押さえて「情報を流さないとこの事実を公にするぞ、でなければ情報をよこせ。もちろん金はやる」と、なるのだ。

むろん、こんなのは初歩的なものである。では、外国の諜報活動員は、いったい日本のどこに潜んでいるのだろう。たいていの場合は各国の大使館員として活動している全大使館員うち、3分の1くらいは諜報活動員だ。外国人学校を拠点にしている場合もある。

彼らの情報提供者として狙われているのは、議員秘書や大蔵省・外務省の官僚、そして二重スパイとして公安や内閣情報室の人間もターゲットに入っている。

日本で有名なのは2000年に発覚したロシアの駐在武官ボガチョンコフのスパイ事件だろう。海上自衛隊の三佐が金銭と引き換えに海上自衛隊の機密を流していたというもの。この事件は前時代的な存在であるスパイが、今でも日本で暗躍しているということで世間に衝撃を与えた。

▲ロシアの駐日武官ボガチョンコフ氏を乗せた車が大使館に逃げ込むところ。海上自衛隊員から日常的に情報を引き出すスパイ活動をしていた。発覚するも、外交官の不逮捕特権によって、さっさとロシアに帰ったことが印象的だった。

スパイが対象に接触する方法は数多い。偽の関連企業をつくりあげて近づいていったり、新聞記者に成りすましたり、あるいは大手議員のパーティーに潜りこんだり。とにかく一度、接触すれば、狙った人間を落とすのには、そんなに時間はかからないという。海外の諜報活動を行う機関には、相手の心理状態を掴みながら、いかに相手に接触していくかという完璧なマニュアルが存在しているのである。

残念ながら、日本はそこまでのものはないようだ。平沢衆議院議員も言っている。

「日本で認められているのは通信傍受のみ。それも、特定の犯罪に限ってしか使えない。日本の場合、せいぜい協力者に金を渡すぐらいで情報収集においても捜査においても、手足を縛られすぎている」（引用・前出）

法律のせいで日本のスパイは思うように行動できていないというのだ。

それでも情報収集には莫大な予算をかけている。相手に金を渡しても、領収書を取りようがない世界なのだ。警視庁、公安調査庁だけで毎年数千億円が、この情報収集戦につぎ込まれているという。

第三章 首都の心臓部にVIPの逃走経路あり

総理大臣を始め、東京には数多くのVIPが存在する。外国の要人が来日する機会も多い。有事の際は、日本の方向性を決める彼らの身の安全を守ることが最優先される。そのために、平時からシェルターや避難経路が建設されているのは言うまでもない。皇居から国会議事堂まで、巷で噂されているシェルターと逃走用の経路に迫る。

皇居からの脱出ルートはここにある

日本の象徴・天皇陛下を守れ！

古今東西、位の高い人が住むところには、必ずといっていいほど抜け道があった。かつて江戸城があった場所に存在している皇居には、今も抜け穴が存在しているのだろうか。

江戸城に存在した秘密の地下道

現在、天皇陛下がお住いになられている御所は、実は江戸時代に徳川将軍が住んでいた西丸にあたるという。ここでまず確認したいのは、東京の地下の開発がいつ始まったのか？　ということだ。これに答えるにはまず、東京はもともと江戸であり、皇居は江戸城だったということを思い出さなければならない。

皇居周辺にはいくつもの地下道があると言われているが、その数を正確につかむことは不可能だ。なぜなら江戸時代の地下道の地図は関東大震災や数度にわたる火災により、焼失してしまっているからだ。

江戸城が１８６８年に無血開城されてから改築が始まり、将軍の住処だったものが、天皇陛下のお住まい、つまり皇居となっていく。

江戸城時代には城内、及びその周辺に数々の地下道（というより洞穴というべきか）があったとされている。その穴は非常用の食料の貯蔵庫であったり、食料・衣料などを運び込むための隠された輸送路でもあった。

そしてもちろん、万が一に備えて将軍の逃走用ルートとしても使用できた、というわけである。当時の城には基本的に抜け穴があり、城内にある井戸はその入口にあたる場合が多かったという。

江戸城はいくつもの堀に囲まれていた。現在でもそのいくつかはそのまま残っている。そして、その堀の下を通って江戸城の外に出る穴は、おそらく、現在は補修工事がなされて地下道になっていると考えるのが妥当だろう。

皇居に存在する地下道の出口はどこへ

江戸城内で将軍が生活をしていた本丸御殿は、1606年に完成した。これは現在の皇居の東御苑にあたる。しかし、この本丸は何度も改築がなされた後、1863年に焼失しており、東御苑が建築されるまで再建されなかった。

続いて将軍が住むことになったのは、西丸御殿である。こちらはもともと引退した将軍や、跡継ぎの御殿として使われていたものの、これも本丸御殿と同じく、火災により焼失してしまった。そして家茂の時代に本丸ではなく、西丸が再建され、以降、将軍は西丸に住み続けたのである。

大政奉還後、西丸御殿は皇居とし

て明治天皇が住まわれることとなる。1873年に西丸は再び焼失してしまうが、明治政府はその西丸に新しい皇居を作り、明治天皇はそこに住まわれた。以来、現在まで西丸は皇居として使われ続けている。

このように、江戸城の歴史を振り返るまでもなく、逃走用の抜け穴は西丸御殿から外に向かっていたはずである。西丸にあった大奥が、将軍の寝る場所だったからだ。

そして、抜け道は数本あったと考えるのが妥当だろう。動乱も十分に予想された時代である。抜け道が1本では不安だ。だが、当時の状況をより深く検証すれば、メインとなるものは限られていく。

徳川300年の治世の間、将軍は諸大名をその武力で支配していた。そして大

▲天皇陛下が住まわれている場所から一番近い出口となる桜田門。そばには首都の治安を守る警視庁がそびえ立っている。

名たちは徳川家ゆかりの〝親藩〟、関ヶ原以前から家康に付き従ってきた〝譜代〟、そして関ヶ原以降に家康の軍門に降った〝外様〟の3つに大別され、当然ながらその待遇はまったく違ったものであった。

大名は参勤交代によって江戸に身を置く機会があったが、親藩・譜代大名は江戸城の近辺に住むことを許され、外様大名は僻地に追いやられていたのである。

抜け穴の出口としてふさわしいのは、当然、徳川将軍と親しい大名たちの住む地域だったはずである。その地域はどこかというと、当時から名前の変わらない現在の永田町一帯である。西丸から最短距離で結べば、抜け穴の出口は桜田門の外ということになる。

警視庁の建物には巨大な地下空間がある

地下道で桜田門まで抜けられれば、頭上には警視庁がそびえ立つ。

警視庁の建設にあたった清水建設の社史によれば、「地上18階、地下4階のこの建物は延面積9万9千平方メートルの3分の1が地下で占められている」そうである。

地上が18階、地下が4階。この数字は、約5分の1が地下であることを指し示している。にも関わらず「3分の1が地下で占められている」というのはどういうことだろうか？　考えられる可能性として、地下部分が地上部分に比べて非常に広い、という理由が考えられる。だとすれば、その広い地下の一部が天皇陛下のための避難道と繋がっている可能性は大いにある。

皇居内、あるいは皇居から外に抜ける穴の地図は、おそらく明治政府関係者に渡されたことだろう。しかしそれは、当時の関係者が知るものだけだったはずだ。江戸城は300年もの間、徳川将軍が15代にわたって住み続けてきた。その間に何度も火事に見舞われた江戸城には、人々にその存在を忘れられてしまった穴がまだあるのかもしれない。

赤坂御用地と皇居を結ぶ地下道の存在

それでは、天皇陛下以外の皇族が住まわれる赤坂御用地はどうなっているのだろう？　皇居同様、こちらも避難するための地下道があるのだろうか？

赤坂御用地は天皇陛下の世継ぎである皇太子一家の住まわれる場所である。用地の中には三笠宮邸、秋篠宮邸、東宮御所などがある。四谷方面から見れば、威風堂々たる迎賓館が建ち、隣には迎賓館和風別館がある。

三宅坂から約1キロほどしか離れていないこの赤坂御用地も皇居と同様、地下鉄を主とする地下交通路を作るのはタブーとされている。

しかし、これは推測や仮説でも何でもなく、皇居と赤坂御所は地下で結ばれているのだ。

永田町、赤坂周辺は言うまでもなく、地下鉄のメッカである。東京メトロ半蔵門線、有楽町線、南北線、丸ノ内線、銀座線という5本の地下鉄が入り乱れる。

参議院議員会館の北から赤坂見附までは2キロ近く地下道、地下街が続き、慣れた人だったら雨の日でもまったく傘を指さずに歩いて目的地に着ける。

　それだけ大規模な地下街があるのだから、皇居と赤坂御用地とを繋ぐのは技術的にも経済的にも、何ら難しいことではない。

　ならば、想像をさらに大きく膨らませてみよう。いったい皇居からはどこまで地下を使って移動できるのだろうか？

　赤坂御用地の南側は東京メトロ半蔵門線が走っており、青山一丁目で南北に走る都営大江戸線と交差する。大江戸線はそのまま数々のスポーツ施設のある神宮外苑へと伸びていく。ＪＲ千駄ヶ谷駅の目の前に出口のある国立競技場駅、千駄ヶ谷駅の裏は緑の茂る新宿御苑だ。そこから大江戸線はＪＲ線よりも大きく膨らみをつけて代々木に向かうが、その膨らみの大きなカーブになっているところが、明治神宮となる。

　２０００年の大江戸線の開通によって、赤坂御用地の青山一丁目から明治神宮までが地下鉄で繋がった。

　大江戸線の計画が発表されたのは１９６８年。建設も間もなく始まっている。だが、長い工事の間、ルートは何度も変更があり、今のかたちになって開通したわけである。

　これは同時に日本の象徴である天皇陛下が、有事となって、皇居を離れなくてはならなければならなった場合、その避難ルートが完成したということでもある。

　明治神宮まで地下を使って移動することができれば、御身の安全もほぼ確保されたといっていいだろう。

明治神宮は代々木公園と繋がる巨大な緑地だが、地下の開発に関してはなんら発表はない。ここに地下シェルターを作ることは可能だろう。いや、ひょっとしたらもうできているかもしれない。わざわざ、大きなカーブを描いて国立競技場前から代々木までのラインが建設されたのも、明治神宮に少しでも近づきたかったからなのではないか。そう考えないとこのわざわざカーブをつけた理由というものが説明できないのだ。

また、JR原宿駅には皇室関係者専用の電車の発着場がある。

有事で、道路が混雑している時は電車を使うのもひとつの手だ。ここから電車に乗り換え、地方へ避難ということもありえる。

あるいは代々木公園からヘリコプターを使うこともできる。

再び大江戸線に目を戻すと新宿中央公園へたどり着く。そこからヘリコプターを使って空路で脱出。そんな逃走経路が考えられる一方で、終点まで乗り続けて陸上自衛隊練馬駐屯地に逃げ込むことも可能だ。

現在、地下鉄の建設が行われているのはたった1つ。池袋—渋谷間を結ぶ13号線である。この路線が開通した時、皇居から続く地下の旅はさらに長いものになるだろう。現在発表されている計画に変更がなければ、大江戸線から13号線へ移動し、池袋から朝霞の自衛隊駐屯地へと至る新たな逃走ルートが確保できるのである。

国家権力の最高機関

国会議事堂に存在する地下網

民主主義国家にとって、国会とはその国の最高意思決定機関である。日本では総理大臣を筆頭に、各種のＶＩＰが集っている場所だけに、その有事対策は万全にしなければならない。

建物を繋ぐ地下道は国会関係者の間では常識

国会議事堂。国家権力の最重要機関の立法府が置かれている場所。ここにももちろん、有事の際に活躍してくれる地下がある。

いや、秘密といったら言い過ぎかもしれない。知っている人は知っていて、それを公にしない。口外することを許されていない、ただそれだけだ。

地下道を作ろうとすれば建築の専門的な技術が必要なので、建設会社が関わらねば地下道を作ることなどできない。技術者や労働者がそこに入り地下道を実際に掘り進める。彼らは特殊な技術を持ってはいるが、多額の口止め料でも貰わなければ、躊躇なく口外してしまう存在である。

それに地下道専用の労働者がいるなど聞いたことはない。建築現場で働く普通の労働者が、そこでは働いている。

中世のヨーロッパでは城を建設した際、逃走用のトンネルをつくった奴隷は情報が漏れるのを防ぐために殺害されたという。

まさか現代の日本でそんなことが起きているとはとても考えられない。ただ、作業が分業化されていて自分がいったい何のために地下で仕事をしているかを知らされないだけだ。

ここからはある設備の増設のために国会議事堂の中に入り、肉体労働をしたことのある建築関係者の話を元に、わかる範囲で国会議事堂の地下について紹介していく。

その労働者Aさんは、ある肉体労働者の手配をする会社に登録していた。仕事場は前日の午後に事務所から知らされ、指示された場所に朝の8時に行って単純な肉体労働を行うだけ。5時まで働いて日給で1万円弱の金額だったという。残業もあり、現場で人手が足りないときは会社にどんどん依頼が入り、労働する人の顔も毎日変わっていた。

Aさんは2年前の冬、「明日は事務所から国会議事堂に行くように」と告げられたという。

すでに同じ事務所から同僚が何人か現場に入っており、Aさんは有楽町線・永田町駅の1番出口で、3日前から入っていた同僚と待ち合わせすることになった。

「国会議事堂の中に入るのは、参議院西通用門からでした。その仕事は事前に労働者の人物照会をしなければならなかったのですが、天気の具合で物の搬入が遅れて突貫工事となり、あらかじめ決められていた偽名をガードマンに名乗って中に入りました。仕事の着替えや休憩、食事をする詰め所は参議院別館と参議院分館の間に建てられたプレハブ小屋。そこに集って仕事の説明を受けました」

仕事の内容は参議院別館の地下3階に、全員でケーブルを引くというもの。直径5センチほどで、長さはゆうに100メートルはあるケーブルだったという。

「参議院別館の1階は文房具や書店や日用品など、国会議員のためのコンビニのような店が並んでいました。地下3階まで、1階ごとにガードマンがいましたが、作業服を着て同じ色のヘルメットを被っている我々は『お疲れ様です』のひとことで、通してくれました。テレビで見る国会議事堂は、どこも高価そうなカーペットが引いてあるのですが、地下3階までくると、どこにでもありそうな安物の黄色のカーペットでした。ぶ厚い年期の入った鉄製のドアを開けると、おそらく北西の方角に向かって100メートル近い通路がありました。幅は3メートルほど。床はいろいろなケーブルが引かれた上に3センチほどの床板を乗せただけ。天井までは2メートルくらい。壁紙は直接コンクリートに貼り付けた安物でした。ただ壁もほとんど汚れていないので、そんな古いものではないようでした。換気はありましたが、暖房はなく息が白くなりました。100メートルほど行くと、また鉄の扉があり、その扉は入る時は鍵を開けて入り、いったん閉まると中からは開けることができるけれど、外からは鍵が閉まって入れないようになっていました」

トイレに行くのも制限される過酷な地下建設現場

その扉の内側には、6畳ほどの部屋がふたつあり、通路はふた手に分かれていたという。Aさんたちの仕事は、まずその分かれている通路のところまで、床下に空けられた穴に手を入れて、ケーブルを引っ張ることだった。多くのケーブルが通っていたものの、スペースがあったので楽にケーブルを引っ張ることができたという。作業は単純なもの。ただ2時間おきにある休憩までずうっと同じ作業だったので、腰や腕にかなり負担がかかったという。

「作業中、ここは地上ではどのへんになるのかと想像してみたのですが、明らかに国会の壁に囲まれた以外のところだったのは確かです。ただ、現場監督に聞いてもとても答えは返ってこない。なかなか重々しい雰囲気でした。途中で作業仲間の1人がトイレに行きたいというと、監督は『我慢できないか』と言いながらもしぶしぶその仲間をトイレに連れて行ってくれました。もちろん監督が鍵を持って一緒についていきました。トイレは外に出たところにある詰所の仮設トイレしか使わせてくれませんでした」

地図で参議院別館の北西100メートルを確認してみると、国立国会図書館、国会議事堂、参議院議員たちの住む参議院議員会館、そして参議院第二別館前の交差点の下あたりになる。また有楽町線の永田町駅の1、2番出口も近い。

「ただ、地下鉄の音はまったく聞こえませんでした。作業を止めると完全に無音。

振動もない。気味が悪くなるような場所でした。その先の通路はおそらく北に向かっているものと、西に向かっているものの2本がありました。両方とも少しだけ下に向かって傾いてまっすぐ続いていました。明かりはついておらず、暗闇の中はどうなっているのか想像ができません。電源盤のスイッチを入れないとそこから先の明かりは点かない。興味はありましたけど、われわれは、言われたこと以上のことをしてはダメというのが鉄則。だから何もできませんでした」

なおも建設が続く国会議事堂の地下網

Aさんは同じ場所で3日間、ただひたすらケーブルを引っ張り続けた。

「3日目に同じ手配会社の顔見知りと一杯やったのですが、私が『やっぱり我々が仕事をしているのはシェルターかなんかにつながっているんですかねぇ?』と聞いてみたのですが、『いや、シェルターはもっと下の階らしいよ。我々がやっている先は参議院議員会館と参議院第二別館につながっているらしい』と言っていました。ただ、雨が続いているというのに参議院の関係者たちは、みな外に出て、道路を渡って議員会館に戻っていましたね。まあ、非常口とは言わないまでも普段は使わないところだというのは理解できましたよ。建設現場では、工事の図面や地図を持って仕切っている上の会社は何をしているのかわかっていても、孫請けでは何をどうしているのか、説明なんて受けないのが当たり前。ただどうしても気になるので、最後の作業の日、パチンコ球を地面に転がしてみたんですが、ゆっくりと転がっていく音がするだけで、どこかで止まった音はしなかった。いったいどこに繋がっているんだろうと不思議でしたねぇ」

Ａさんが引っ張り続けたケーブルは、そこでドラムに撒きつけられた。その先がどうなるのか、何のためのケーブルなのか、上の人間はまったく教えてはくれなかったという。

翌日からは参議院別館から参議院分館へのケーブル引き。こちらは地下２階だった。参議院別館と参議院分館はまったく別の建物なのだが、実は地下２階で繋がっているという。

「外から見ると車が２、３台走れる程度の空間があります。繋がっている地下２階

▲国会議事堂に隣接する国会図書館。基本的に国会議事堂周辺の建物は地下道でつながっていて、有事の際には避難経路として活躍する。

の通路は迷路のようにできており、監督にいわれてケーブルを引っ張ると、いつの間にか参議院分館に出てしまう。また、通路によっては参議院分館ではなく、マンホールの下に出てしまう場合もありました。もちろん、参議院まで直接繋がっている通路もありましたよ。『赤いカーペットの上は歩くな、立ち入るな』ということだったので、行くことはできませんでしたがね。国会の中はとにかくいろんなケーブルがあって、それぞれの業者が自分のことをするだけで、他の業者のことはわからない。ただ現場での立ち話を総合すると、最近のテレビのためのケーブルやコンピュータ関係のケーブルなど、国会議事堂はとにかくいろいろなケーブルを引かなきゃならなくて、地下をどんどん増設しているらしい。もともとは地下2階までの建物だったものが、今ではその下にもう1階設けている、と。現場によってはさらにもう1階下までやっている業者もいるらしいですよ」

外観は変わらずとも、国会議事堂はここ数年、地下の大工事の真っ最中なのである。

Aさんの貴重な体験はここまでだが、中でももっとも印象的だったのは、F・M議員と、参議院別館の地下2階ですれ違ったことだという。

内閣が明らかにした地下道

首相官邸から伸びる20メートルの地下道

日本の最高権力者、内閣総理大臣が住む首相官邸。戦前からその下には地下道があると言われていたが、政府の発表によってその存在が明らかになった――。

政府によると首相官邸から巨大な地下道を建設中

現在、内閣総理大臣官邸は引っ越しの最中である。建物は完成したが、この建物自体を1929年以来、使われていた旧官邸のあったところに牽引して移動し、2005年3月から本格的に運用する予定だという。

1999年11月、この発表を行った際、小泉純一郎首相は記者団に対し、「時代の変わり目だから首相になったのかなあという、大きな転換点の役割を担ったんだなあという実感を持った」という発言をした。

それに続くように明らかにされたのが、首相官邸と内閣官房内閣府を結ぶ地下トンネルの存在だった。予定されている地下トンネル約300メートルの一部、約20メートルが開通したことを明かしたのだ。

トンネルの建設理由は業務の迅速化や機密文書の漏洩防止が目的で、首相と側近の国会議員、職員以外の人物は立ち入り禁止にすることも、報道陣に言い渡された。

そんな性格のものを発表する、という間の抜けた話に、各新聞社の政治部記者は苦笑を禁じえなかった。中には、「こんな首相では日本は絶対ダメになる」と、真剣な表情で青ざめたベテラン記者もいたという。

一般に売られているどんな地図でも、首相や官房長官が執務する官邸と首相らを支える事務職員の多くが働く内閣府は、1本の道を隔てて描かれてある。しかし、99年当時に発表された報道文にはこう書いてある。

「閣議などが官邸で開かれる際は、内閣府職員が膨大な関係資料を台車に乗せて官邸に運んでいるが、信号待ちで時間がかかる上、雨で資料が汚れることもある。このため、政府は『未公表の機密書類を台車で運ぶのは不用心で、危機管理上の問題がある』と判断し、地下トンネルの建設を決定」したというのである。

ほとんどすべてのオフィスにはパソコンがあり、機密書類もプリンターがあれば印刷可能な時代に「機密書類を台車で運ぶのは不用心」などと真顔で言う神経がすごい。報道文は、なおもこう続く。

「官邸の2階と内閣府の1階に地下トンネルに通じるエレベーターを設置し、トンネル内には『動く歩道』も整備する」

〝機密書類〟を運ぶための地下トンネルを、こんなにもあからさまにするとは…。逆に情報の錯乱でも狙ったものなのかと勘ぐりたくなる。

諸外国に見る最高権力者の避難場所

首相官邸には地下道のほかに地下室が戦前からあり、その存在は公然の秘密だったという。むろん内部の写真が公開されたことは1度もないが、アメリカ軍による空襲が激しくなるにつれて鈴木貫太郎首相とその側近が、市ヶ谷の大本営の地下室か首相官邸の地下で会議を行っていたのは明白な事実である。

身の安全と機密の漏洩防止。それが地下室で会議をする理由だと思われる。しかし地下は、本当にベスト・オブ・ベストな場所なのだろうか？

安全性という観点から見れば、高い場所よりも低い場所が優れているのは自明の理である。ビルの上など高いところでは簡単に攻撃の対象になってしまう。また地震などの天災の被害も高いところのほうが受けやすい。

第2次世界大戦時、ナチスドイツの総統アドルフ・ヒトラーは首都ベルリンから300キロも離れたワンゼー湖畔の別荘に地下室を持っていた。悪名高いホロコーストを決定したのも、ここだったと言われている。

2001年のアメリカ同時多発テロの際、英国のブレア首相は、ロンドンの首相官邸近くにある〝コブラ〟と呼ばれていた地下室に諜報機関MI5（国内諜報）、MI6（国外諜報）の長官らを呼び出して緊急会議を行った。

こんな話は、なんだかスパイ小説じみてワクワクしてくるが、このコブラは秘密の部屋でもなんでもなく、単に身の安全を守るための地下室である。事実、ブレア首相はその存在が明るみに出てもほとんど気にしていなかったようだ。たとえ空爆を受けてもお構いなしに会議を続けられる場所。ブレアにとって、コブラはそれ以上でもそれ以下でもなかったようだ。

第2次世界大戦時の英国首相チャーチルは、ドイツ軍からの空爆から身を守るためにやはり同じように地下室での会議を好んだが、これなどはすでに知られた話で、現在では首都ロンドンの観光客相手の博物館（WAR　MUSEUM）になっている。

なるほど、地下が安全だということはわかった。では、機密の保持という点ではどうか？　要人がこれだけ会議の場に選ぶくらいだから、やはりこれも期待できるのではあるまいか。

雑音のない地下では機密を守れない

水中では、深ければ深いほど音はよく伝わる。潜水艦のエンジンを停止させた状態だと、咳をしただけでも別の潜水艦にその音が聞こえてしまうという。そして、実は地下も水の中同様、秘密の会合を持つには適していないのだ。

建築家に話を聞いた。

「地下というのは基本的に音が伝わりやすい。まあでも、そんな問題は厚さ6メートル以上の鉄筋コンクリートで地下室を囲み、コンクリに防音材を入れれば解決します。それよりも問題なのは空調システムですよ。これがある以上、音が漏れるというのは防ぎようのないことです」

例えば高度な技術を持ったスパイが盗聴機を空調システムに繋いでしまえば、簡単に秘密の会話を聞き取れてしまうというのだ。機密の保持という観点で言えば、地下はスパイに弱いということになる。

ただ、公安関係者によれば、機密を機密にし続けるには無理があるという。彼の言葉を借りれば、その理屈はこうだ。

「人間が間に入っている以上、絶対に情報を漏らす関係者がいる。どんな機密文書もいずれは露見しますから。もちろん、それが早いか遅いかということはありますが。現在の諜報活動は、相手から秘密を盗むというよりは、むしろ錯綜する大量の情報をいかに取捨選択するかにかかっているのです」

ここで話は再び冒頭へと戻る。小泉首相は、なぜ秘密のトンネルの存在を明らかにしたのか？

「情報の錯乱を狙っている」と茶化して書いたが、これはひょっとしたら、真実なのかもしれない。

地下トンネルを作る本当の目的

それにしても、つい先日まで台車に乗せて運んでいたような文書を、わざわざ地下トンネルを使ってまで運ばなければならない理由があるのだろうか？

地下に部屋を作る重要な意味は、まず「多くの重要人物が安全に議論するため」である。そして、日本の首相公邸の地下トンネル及び地下室は、重要人物の安全を守るためには理にかなっている。なぜなら核兵器やミサイルから身を守るという観点でみれば、地下ほど安全な場所はない。つまり核シェルターである。しかも地下室は人の目につかないから、ピンポイントで標的にされることが少ない、ということもある。

だが、既出の報道文における〝情報の漏洩防止〟というのは、万全ではない。小泉首相は、間の抜けた感想を報道陣に言っている暇があるくらいなら、空調システムによる音漏れのほうに頭を悩ませたほうがいい。

歴代の首相はみな、首相官邸の地下室を知っているわけだが、必要以上に地下室について語っている者はいない。それをわざわざ発表した首相の真意は計りか

▲役目を終えた旧首相官邸。噂ではこちらには戦前から地下道があり、岸元首相が側近と中に入ったが、怖くてすぐに逃げ出したというエピソードもある。

ねるが、最近の言動を見る限り、さして意味があるとは思えない。おおかた、お得意のパフォーマンスの一環であろう。

そんなことよりも、日本の首相官邸で気になるのは、その地下トンネルが本当に安全かどうかである。

前項で述べたように、すでに国会議事堂を中心とした永田町周辺は地下の開発が盛んな地帯である。首相官邸の北隣は公道を1本挟んで衆議院第一議員会館だが、その公道の下には丸ノ内線が走り、それと平行するように千代田線の国会議事堂前駅がある。さらに首相官邸から西にわずか50メートルほどの場所が、南北線の溜池山王駅である。

また、これも前述したように衆議院第1議員会館の地下もかなりの地下工事が進んでいるようだ。

つまり、首相官邸の地下は上下左右をコンクリートの建造物で完全に囲まれた状態なのだ。したがって他の地下建造物より堅固なことは間違いない。

ひょっとすると例の小泉発言は、その自信の表れだったのかもしれない。

▲新築された首相官邸。国家の首脳を守るためには、細心の注意を払った安全対策が敷かれるべきである。

VIPの逃走経路を確保せよ

名門ホテルに秘密の避難通路あり

海外の政治家を始めミュージシャンや科学者などの宿泊先はたいていがホテルである。日本には歴史的な名門ホテルが多数存在し、その地下にはVIP限定の避難通路があると言われている。その真相を探る。

なぜアメリカの要人はオークラに泊まるのか

現在、日本は海外の大統領や王族などといったVIPを頻繁に招いている。

しかし、1970年代までは、まだまだ治安上の問題点があるとされ、海外の要人を受け入れることは少なかった。

そんな日本が本格的に世界の外交舞台に飛び出す契機となったのが、高度経済成長真っ盛りの1979年6月、東京で行われたサミット（先進国首脳会議・現在はロシアを加えてG8、当時は西側諸国だけのG7だった）の時だった。日本がホスト役としてアメリカ、イギリス、フランス…といった経済大国の首相、大統領を受け入れた時である。

そして当局は中核、革マルといった日本の新左翼主義連合（当時は〃過激派〃と呼ばれていた）の抗議デモやテロを警戒し、非常に厳しい警備体制を敷いた。とくに要人が揃っていた3日間ほどは、ヘリコプターを飛ばすことすら禁じられる厳戒体制がとられたのである。

サミットの会場となったのは、赤坂御用地にある迎賓館。要人の宿泊、およびプレスセンターにはその赤坂御用地の横にあるホテルニューオータニが指定された。

要人が宿泊する数日間のために、ホテルニューオータニは過激派によって危険物が置かれていないか天井裏までチェックするほど入念な受け入れ準備を行った。日本政府も機動隊を周辺に配備し、左のポケットに拳銃を忍ばせた公安警察もあちこちに立って警戒に当たった。

一般人は周辺を歩いているだけで問答無用で「どこかに行け」と追い払われ、膨らんだバッグを持っているだけで強制的に中身の開示を要求されたのだ。

ホテルニューオータニはベテラン従業員ばかりを揃え、客室掃除係ですら1年以上前から働いていた者のみが出勤を許された。まさしく史上最大の警備規模であったと言える。

ところが、会議の行われる2カ月ほど前になって、突然アメリカが大統領以下、要人の宿泊はすべてホテルオークラにすると通告してきた。

東京でサミットの開催が決定する前から万全のチェック体制を敷いていたホテルニューオータニだけでなく、この決定は警察、自衛隊はもちろん、日本政府を大いに困惑させるものだった。

当時のアメリカ大統領はカーター。アメリカが通告した宿泊先変更の理由は「アメリカ大使館に近いから」というものだったが、果たしてそれだけだろうか？

宿泊可能人数も多く、新装したばかり

のホテルニューオータニがダメで、アメリカがホテルオークラを指定した理由。それは〝ＶＩＰの避難場所の有無〟に他ならない。

どうやらホテルオークラには核攻撃にも耐えられるシェルター、あるいは限りなくそれに近いＶＩＰ用の避難場所があったようだ。

地図を見ると、アメリカ大使館とホテルオークラの距離はかなり近く、霊南坂をはさんで向かい合っている。あくまで推測ではあるが、この2つの建物がまったく無関係だとは思えない。ひょっとすると地下通路で建物同士がつながっているのではないだろうか？

そう考えると、アメリカ大使館は溜池山王駅やその先にある国会議事堂駅、そして永田町駅にほど近い。第2次世界大

▲赤坂御用地と道を隔てて隣接するホテルニューオータニ。赤坂御用地に近いこちらのほうが、外交上のＶＩＰが泊まるにはしっくりくるが…。

戦時には、いずれも巨大な防空壕があったと噂されている駅である。もしその噂が真実ならば、危機管理に細心の注意を払うアメリカが利用しないはずがない。永田町一帯の広大な地下建造物は、六本木通りを越えてアメリカ大使館まで伸びていると考えるのが妥当だろう。

いずれにせよ、この一件以来、外交上のVIPが宿泊する際はホテルオークラを使うのが定番となった。実際、オイル・ショック以降、大きな力を持ち始めたアラブ各国の首脳の常宿もホテルオークラだった。

ソ連の崩壊により、ロシアを加えG8となっている現在とは違い、70年代後半と言えば、核は今よりももっと身近な危機であった。明日にも核戦争が起きるかもしれないと考えられていたものだ。むろん、現在でも核の恐ろしさは変わらないが、本気で政治上のカードとして核を使う国はなくなっていると言えるだろう。

しかし現在、核の脅威は再び頭をもたげている。90年代にイスラエルの核開発が公然の事実となり、さらにインドとパキスタンが競い合うように核実験を行い始め、緊張は高まっている。サダム・フセインが大統領として健在だった頃のイラク、そして北朝鮮の核兵器保有が疑われる現在、シェルター付きホテルの需要は再び高まっていると言える。

日本の警備システムには大きな弱点がある!!

現在、高級ホテルの条件はVIP専用エレベーターと避難経路が確保されていることである。では、テロを未然に防ぐチェック体制はどうだろう。

　ＶＩＰが宿泊するようなホテルの防火・防災対策はかなり充実している。しかし、ＶＩＰを受け入れるような高級ホテルのロビーに、一般人が荷物のチェックもなしに入場できる現状は、ひどく危険な状態だと言わざるを得ない。

　いまだに紛争の続く中東の国、イスラエルではこうはいかない。この国ではホテルのロビーに入る際に金属探知機を使ったチェックを受けなければならない。薄汚い格好をしていようが、礼服を着ていようが、おかまいなしに、である。アメリカでもニューヨークやワシントンの高級ホテルなら、国際線の飛行機に乗る際に受けるくらい厳しい身体チェックは当たり前になっている。自爆テロを狙った人間がロビーに侵入するのを未然に防ごうというわけだ。

　２００６年のサッカーワールドカップ予選が行われているヨーロッパでは、イスラエルと対戦しなければならない国は、イスラエルに行くこと自体を拒否している。イスラエル側は「保安上、絶対に問題はない」としながらも国際サッカー連盟の第三国での対戦を、という要求を呑んでいる。万が一、対戦国側に何かあった場合に、その責任を取りかねるからである。

　イスラエルやアメリカに比べ、簡単なテロすら未然に防ぐ努力を怠っている日本の高級ホテルは、その現実をいかに受け止めているのだろうか？

日本版9・11はここで起こる！

巨大なビルが林立する西新宿

イラクに自衛隊が派遣されている現在、いつ日本で〝同時多発テロ〟が起きてもおかしくない。そんな非常時に西新宿の高層ビル街のVIPはどのように身を隠すのだろうか。

西新宿のビルで狙われるのは都庁である

2001年9月11日、同時多発テロがアメリカを襲った。民間旅客機が世界貿易センタービルに激突し、超高層ビルは崩壊、アメリカ国防総省（ペンタゴン）も大きな被害を受けた。犠牲者は処理に当たっていた消防士や警察官などを含めると1万人に上るともいわれている。

世界貿易センタービルには多数の金融会社が入っていたため、テロ直後は経済を混乱させようというテロ・グループの目的があったという説もあったが、ビル崩壊という映画でも見ることのできない恐ろしい衝撃的なシーンが世界中に流れるという効果のほうが大きかった。テロというものは、標的の心に傷を負わせ、痛めるのが目的なのである。

それでは日本で世界貿易センタービルに匹敵する場所はどこか？　それはやはり、新宿の高層ビル群ということになる。

西新宿にそびえ立つ高層ビル群は、今や外国の観光ガイドブックに載るほど有名である。ここにテロリストの操縦する飛行機が突っ込めば、再び世界中に、テロの力を見せつけることができる。

新宿高層ビルの中でもっとも標的になる可能性が高いのは東京都庁である。このＶＩＰは石原慎太郎・東京都知事だ。影響力の強さと、首相に比肩する人気の高さから石原都知事を狙ったテロはなきにしもあらず、だ。

それではその東京都庁の警備体制はいったいどの程度なのか。これが残念ながら、お粗末と言わざるを得ないのだ。

都庁は最上階が展望台として無料開放されている。警備は男性と女性の係員が展望台に上るエレベーターの前にいて、人々の荷物をチェックするだけ。ただ、そのチェックがあまりにも簡単、というか適当。バッグの中を開いて見せればちょっと一瞥しただけで通してくれる。空港レベルとまではいかないまでも、ちょっとした金属探知機などは用意すべきだろう。

それにしても、日本で９・11のようなことは起こりうるのだろうか？　専門家の間ではアメリカほど飛行機による移動が盛んでない日本では、各機に管制の目が行き届いている上に、東京上空を飛ぶ飛行機はほとんどないことが指摘されている。羽田から出発しても飛行ルートは基本的に海上を通るもの。そこからビルに直撃させるということはかなり難しいという。

では、テロリストたちはどのような手段を取るのだろうか。１００キロくらいの爆弾を数人で高層ビルに持ち込みフロアごと爆破する。そうすれば、見る人には世界貿易センタービルに近いインパクトを与えられるだろう。都庁のチェック体制の甘さが気になる。

事実、1997年にはロンドン南東部にあった30階建てのビルがIRAによって爆破され、イギリス全土を恐怖のどん底へと叩き込んだ。

そして都庁を爆破するのであれば当然、石原都知事を狙うのがテロリストの心理というものだろう。言い方は悪いが、一石二鳥なのだから。ところが、都庁で働いている職員でも石原都知事がどこにいるかは、まったく聞かされてないという。知事室があることはあるが、入室してもすぐに退室し、すぐに行方がわからなってしまうらしい。

しかし、そんな石原都知事も基本的に定例会見の場にだけは、きっちり時間通りに現れる。テロリスト側にとってはここを狙うのがベストなのだろうが、記者会見を行う部屋に入るのは、決して容易なことではない。

記者クラブ制度になっているため、テレビも新聞も許可証がないと入室が許されないのだ。侵入しようとすれば、ガードマンに押し返されるのみ、である。

都庁は50階の高層ビルでありながら、地下については3階まである、ということ以外ほとんど明らかにされていない。地下2階までは大江戸線から都庁に向かう時に簡単に入れるが、それより下へ行くのは不可能。エレベーターはすべて上に向かっている。いったい、地下3階には何があるというのだろう?

ここで考えられるのは、都庁の地下から大江戸線をダイレクトに結ぶ地下道があることだ。であるとすれば、都庁の地下3階から、大江戸線に直行。むろん大江戸線のトンネルを使って逃走することもできる。しかし、ここはむしろ、大江戸線の地下にシェルターがあると考えるほうが自然だろう。都庁のビルが倒壊してしまっては、都庁の地下に身を隠していても外に出ることができなくなる。だったら大江戸線周辺に避難所があると考えたほうが理にかなっている。

都庁の横には地下鉄大江戸線の都庁前駅がある。おそらくＶＩＰ用の地下脱出口は、この大江戸線に繋がっているのだろう。むろん新宿三井ビル、新宿住友ビルなどは、中に大企業が入っている。そしてここも中央公園の下にある空調施設とつながっているのだ。したがって西新宿にビルを持つところは同じような逃走経路があってもおかしくはないのだ。

石原都知事は大江戸線を使って陸上自衛隊員を練馬から木場まで輸送させたという実績を持っている。一見、警備が甘いような都庁は、こうして照査してみると、要所は意外にガードが固いようだ。

▲都庁を始めとする高層ビルの送電をまかなっているのが中央公園の地下。この地下には、巨大な地下空間が広がっているのだ。

高度情報化時代の落とし穴

ライフラインを寸断するサイバーテロ

もしハッカーが、水道局や変電所のコンピュータに侵入したら…。ライフラインが切断され、東京はあっと言う間にパニック陥ってしまうだろう。はたして政府はどのような対策を練っているのであろうか。

現代だからこその恐怖 サイバーテロとは?

ある日、突然メールや携帯電話が使えなくなったら、あなたならどうしますか――。

ここ10年で世界中のライフスタイルを劇的に変化させた最大の要素は、インターネットおよび携帯電話の普及である。特に先進諸国においては個人に至るまで普及し、いまやすっかり生活に溶け込んでいる。もしなくなったら、誰もが仕事上も日常生活においても大きな支障をきたすであろうことは、想像に難くない。

現代人はその利便性から情報通信基盤に大幅に依存してきた分、情報通信基盤への攻撃に対しては、脆弱であるという大きなリスクを背負っているのである。

これは、防衛庁や自衛隊、あるいは首相官邸といった国家の中枢においても同様である。むしろその扱う情報量の膨大さから考えると、IT機器に依存する割合も、その重要度もはるかに一般の場合を上回る。情報通信システムに対するいわゆるサイバーテロへの対応が、重要な課題となっているのである。

サイバーテロにはいくつものパターンがあり、定義は必ずしも定まったものではない。しかし政府が２０００年12月にまとめた〝重要インフラのサイバーテロ対策に係る特別行動計画〟では、〝情報通信ネットワークや情報システムを利用した電子的な攻撃〟と定義されている。

さらに噛み砕いて説明すると、サイバーテロはまず、物理的な攻撃を伴わず、コンピュータ・ネットワークを利用して、特定もしくは不特定の相手を攻撃する行為である。標的とされるのは、各国の国防や治安を始めとする各種分野のコンピュータシステム、ライフラインをつかさどる企業システムである。

コンピュータ内部に侵入し、内部データを破壊、改ざんするなどの手段で、国家または社会の重要な基盤を機能不全に陥れる。それがサイバーテロが狙わんとするところである。最終的にはシステムの停止や混乱、暴走を目的とする場合が多い。

より理解を深めるために、これまでに起きたサイバーテロ、もしくはそれに限りなく近い事件を何点か挙げてみる。

２００１年2月、歴史教科書検定問題に対する抗議として、日本の一部サイトが中国籍のハッカーに改ざんされる事件が起きた。被害は政府関連および様々な企業のホームページ、個人のサイトにまで広がり、その被害総数は確認されているだけで約１００カ所。実際の被害は３００カ所にも及ぶといわれている。いわば無差別攻撃だ。

同年3月には文部科学省、自由民主党、民間企業などの6カ所のサイトに韓国からと見られるアクセスが集中した。1秒間に数回のアクセスが可能な攻撃専用ソフトを使用したと思われるこの〝攻撃〟で、サーバーの処理能力を上回る負荷がかかり、サイトの表示が一時困難になるなどの被害が出た。

米国では2000年2月、Yahoo!、CNNなどの大手サイトが攻撃を受け、一時的にサービス停止に追い込まれた。その被害総額は12億円に上るという。サイバーテロは「攻撃に要するコストが低い」「少数の専門的技術者のみで攻撃可能」「時間や場所の制約が少ない」「匿名性・無痕跡性」など、テロリストにとってありがたい条件が揃っている。にもかかわらず、日本における先に述べた2件の〝サイバーテロ前夜〟とでもいうべきケースは、幸いなことに国民生活などへの影響は少なかった。

これが前述の官邸・省庁のITマシンだったらどうなるのだろうか。まず電話回線は完全にパンク状態に陥り、官邸には正確な情報が集まらず政府は混乱。防衛庁ではレーダーも働かず、某所からミサイルが飛んできても感知ができない。それを迎撃すべきハイテク兵器も当然コンピュータ制御であるため、正常に作動する保証はどこにもないのだ。

そこで日本においても1999年4月、〝機動的技術部隊〟が創設された。警察庁の情報通信技術者から選抜された60人が、全国57カ所の拠点から警察ネットワークへのハッキング行為を24時間体制で監視するというものだ。その防護対象には、金融、鉄道、航空、電力、ガスなどの重要インフラも含まれる。この部隊は

〝サイバーフォース〟と呼ばれ、00年制定の「重要インフラのサイバーテロ対策に係る特別行動計画」とともに、現在でも日本のサイバーテロ対策の根幹をなす要素として機能している。

そして２００１年、官民一体となった効果的なサイバーテロ対策の推進を目指す〝サイバーテロ対策協議会〟が警察庁によって設置された。しかし、日進月歩のＩＴ技術に沿ってサイバーテロの技術も向上し、これまで以上に個人の特定などが困難になってきているのも事実である。

ある日突然、あたかも２００４年10月の新潟県中越地震のように、携帯電話やメールどころか電気もガスも使えなくなる。そんな事態が、近い将来発生する可能性は決して低くない。

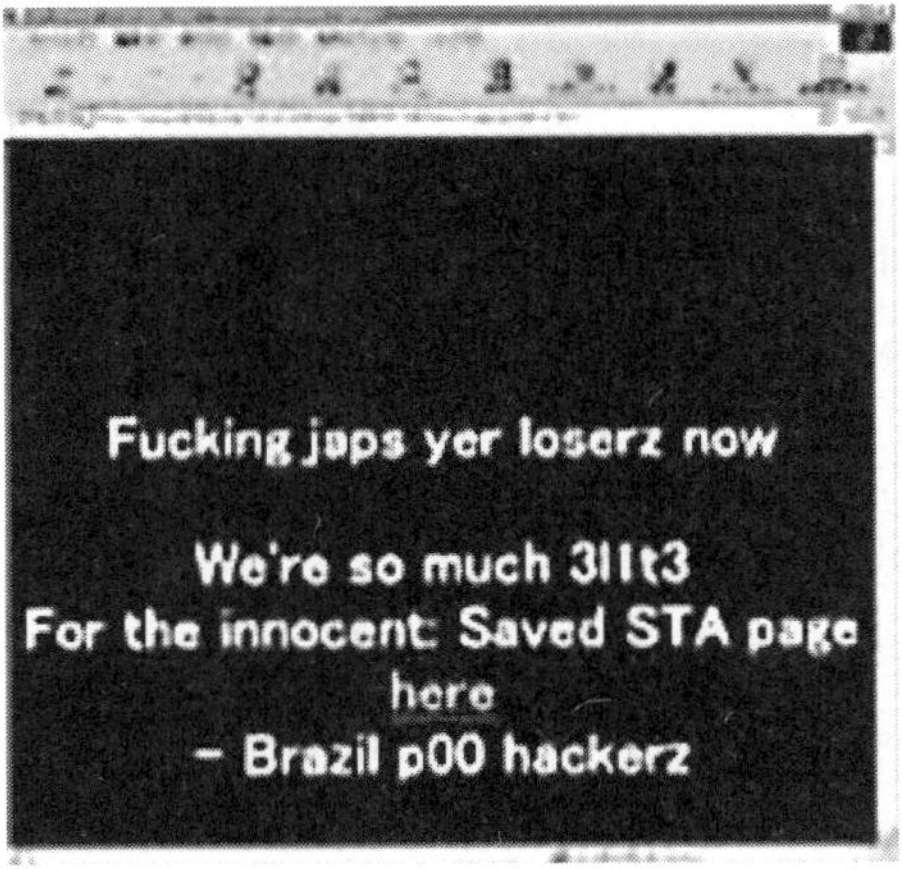

◀２０００年に書き換えられた科学技術庁（現・文部科学省）のホームページ。東京大学のコンピュータ経由で「今や日本は負け犬だ」という内容の英文が5行表示された。

首都の治安と防衛の本丸

警視庁と防衛庁の危機管理体制

有事の際、頼りになるのが警察と自衛隊。首都に限れば、指揮をとるのは警視庁と防衛庁だ。当然そのトップの安全は絶対優先となるべきものなのだが…。

国民に衝撃を与えた国松警察庁長官狙撃

2001年9月11日のアメリカでの同時多発テロ事件は、結果として世界中の保安体制のレベルを上げることとなった。無論、日本も例外ではない。警視庁、防衛庁へのテロに対する警戒態勢も少なからずアップしていると思われるが、いったいそれがどの程度のものなのか、我々庶民にははっきりしない。そもそも喉元すぎれば熱さを忘れる日本人の〝対策〟ほど心もとないものはない。

今から振り返れば、1995年、国松孝次・警察庁長官が何者かによって撃たれたという事件は、この国のVIPの保安、警護があまりにも杜撰で甘いものだということを露見させ、平和ボケした国民に警鐘を鳴らした。

しかも事件は簡単に解決すると思われたものの、供述者の内容や物的証拠の乏しさから刑事裁判を維持することすらできないという、情けなさ。

さらに問題なのは、警察関係者の中に、

この事件をサポートする人間がいたと考えられることである。

首都・警視庁のトップは桜田門の地下に避難する

国松警察庁長官狙撃事件から考えても、首都を守る警視庁のトップ、警視総監も身の安全は保証できない。

警視総監は、いうまでもなく昼間は桜田門にある警視庁のビル内にいる。では、有事の際はいったい、どこにその身を置くのだろうか。

答えは簡単だ。警視庁のビルの地下である。

別項でも触れているが、警視庁の建物には巨大な地下空間が存在する。警視総監を守るための一室もその中にあると断定して間違いない。

ただ恐ろしいのは、国松警察庁長官の事件のように、身内に敵が存在する場合である。あの狙撃事件では、警察庁内部に、機密情報を漏らす存在がいた可能性が高いのである。

外部からVIPを守ることは、警備員の数さえ揃えればそう難しいものではない。しかし、その内部に国松長官狙撃に係わったような獅子身中の虫がいてはその信頼性は揺らぎだす。

しかし、一般人の目から見ても、まだまだ警戒の水準は低いように感じられる。たとえば、地下鉄サリン事件を再現しようとしても決して不可能ではないだろう。実際、警視庁の最寄り駅、東京メトロの桜田門駅では、プラットホームに駅員が1人いるだけで、警備のための人間が増えているわけではない。

　ある警視庁公安部関係者が語る。

「狙撃事件からしばらくは、警視庁は内部で大混乱を起こしてしまった。まず責任を追及されたのは公安部。いったい何をしていたのか、と怒鳴られるばかりでした。とはいっても事件に大きく関与していたと考えられるのはオウム真理教。我々公安は宗教団体を調査の対象にはしていなかった。宗教団体は決して過激なテロなどはしないというのが、公安の認識だった。その責任をいきなり擦り付けられてもねぇ…。

　もちろん、警視庁の建物の中はあの事件以来、部署があった場所が変わって、警視総監の部屋の場所まで変わったようです。地下の隠れ場所？　当然変わったでしょう。もちろん、ほんの一部の人間しか知りませんよ」

　地下鉄サリン事件が勃発するまでは、オウム真理教は一風変わった新興宗教団体というくらいのイメージしかなかった。その頃の新聞やテレビ、週刊誌の報道を見ても、そんな組織的なテロを行うグル

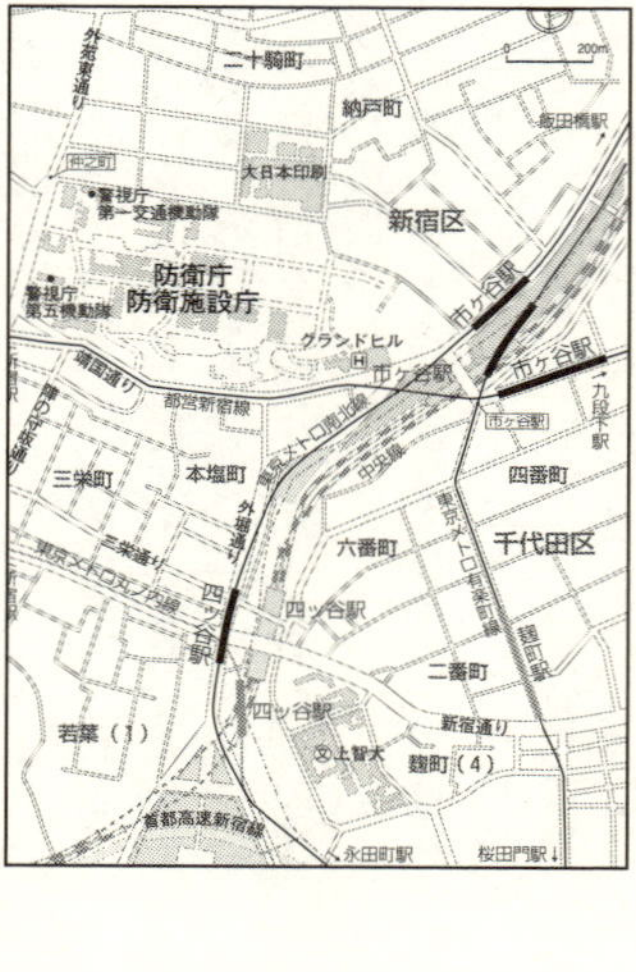

▲防衛庁周辺の地図。首都だけでなく日本の防衛を管轄する重要な施設。朝霞の駐屯地とは有楽町線で結ばれている。

ープと見られてはいなかった。

「それが事件が起きてみて初めて、宗教は危険というレッテルが貼られることになった。信教の自由は日本の法律で守られているもの。誰が何を信じているか、いちいちチェックしていられない」

さらに宗教に対するイメージを変化させたのはアメリカの同時多発テロである。この事件以降、警察、とくに公安部内部では誰がどこの信者か、お互いをチェック、密告し合うなんとも見苦しい状態に発展してしまったという。その結果、警視庁と公安部がとった方針というのが、血縁や縁故で警察や自衛隊などに繋がっているものを重用するということになってしまった。

「信じられるのは身内だけという情けなさ。もともと警視庁で出世をしようとすれば、テストの時に政治思想、心情をチェックされていましたが。まさか共産主義者だと公言する人間を警察に入れるわけにはいきませんからね。これからは信教のチェックも加わるそうです」

防衛庁長官も有事の際は防衛庁の地下へ

いっぽう、自衛隊のほうはそうした問題がないように見える。なぜなら自衛隊に入る者は最初の2年間はほとんどが同じ屋根の下で共同生活をしなければならない。その間に、不審な人間はおのずとボロを出してしまうからだ。防衛大学校出身のキャリア組も、4年間の寮生活を経験している。

自衛隊のトップである防衛庁長官は、

有事の際、自衛隊の全権を握ることになる首相とともに行動する。おそらく首相官邸の地下室に身を隠すことになる。

　だが、陸・海・空のそれぞれの部門のトップである幕僚長たちと幕僚幹部は、市ヶ谷の自衛隊本庁の地下にある作戦司令部で作戦会議を行う。そして防衛庁VIPは、地下シェルターの中に最後まで残ることになっている。ただ、首相とは密接に連絡をとらなければならない。

　有事の際、自衛隊は実質的にはアメリカ軍の下部組織となる。防衛白書によれば、協力体制となっているが、合同演習ではアメリカ軍が主導的な役割を果たし、その補助的な役割を自衛隊が担う。実戦経験豊富なアメリカ軍に比べ、実戦を経験していない自衛隊にとっては仕方ないことなのだろう。

「アメリカ軍の最高指令官は、もちろん大統領である。大統領と直接コンタクトできるのは、日本では首相をおいて他にいない。
　むろん、お互いの国の最高権力者が細かい軍事作戦について検討することはない。軍略についてはやはり現場を知る軍人でなければ対応できない。
「アメリカ軍の太平洋司令部と幕僚長達のホットラインがどこかに存在するでしょう。しかし、それを知る者はそれこそ、その地位についたものだけです。ただ基本的にはアメリカ人はアメリカのやり方を通そうとする。それに対して重要邦人保護などのお願いをするのが、幕僚長と防衛庁長官の仕事となるでしょう」（元自衛隊員）
　このホットラインでコンセンサスを得

▲警視庁の庁舎。この建物の地下には巨大な地下空間が広がっている。当然、有事を想定した造りになっている。

た作戦に対して、アメリカ大統領と日本の首相は、可否の判断を下す。
防衛庁長官は、実質的には幕僚長と首相の間のつなぎ目役とされる。
「もちろん政権与党の人達は直接、首相に要望を出すことになるでしょうが、野党とも話はつけなければならない。防衛庁長官は国務大臣でもあります。国内の意見をまとめるためには、首相とともにずっと一緒というわけにはいかない可能性もある」（元・自衛隊員）
有事の際、東京メトロ有楽町線の建設とともに作ったであろう地下連絡通路を行ったり来たりしながら、対応策を練る防衛庁長官の姿が目に浮かぶ。

▲防衛庁の庁舎。入り口を始め、周辺を警察が警備している。自衛隊が自らの駐屯地の警備をすることができないのも、日本の法律の難しいところだ。

第四章 首都の安全を保証する「陸・海・空」重要拠点

東京にはさまざまな施設がある。ライフラインの整備を目的に地中深くに建設されている共同溝や東京の交通の大動脈・JR 山手線など、3章までで言及できなかった施設はまだまだある。いざ、有事となった際に、これらの施設はどのような役割を果たすのだろうか。東京に関連してくる施設と合わせ、その防衛対策とともに紹介する。

地下5メートルのライフライン

共同溝のメリットとデメリット

共同溝と首都圏外郭放水路。どちらも地下を走るそれは、国民の最低限の生活を保証するためにある。これらの地下トンネルは、有事の際にも効果を発揮するのであろうか？　多角的な見地に立って検証する――。

首都圏を洪水から守る首都圏外郭放水路

首都圏から浸水事故の話が聞かれなくなって久しい。10数年前までは梅雨の終わり頃や台風で大雨が降ると決まって中小河川が氾濫し、床上・床下浸水を起こしたものである。それがここ数年、とんと聞かれなくなった。いったいどういうことなのだろう。

２００４年の秋、台風22号が関東を襲った。10数年前であれば、それこそ甚大な浸水被害が発生していただろう。しかし、世界最大級の洪水防止施設〝首都圏外郭放水路〟が氾濫の危険性が高い中小河川から約７００万トンの水を排水し、洪水を未然に防いだのである。

首都圏外郭放水路は、川から溢れそうになった水を取り込んで貯蔵する巨大な循環器である。溜まった水がトンネルを通って〝調圧水槽〟に到達すると、水圧を調整して強力なタービンポンプで江戸川に排水される。氾濫しやすい中小河川に比べ、江戸川はキャパが大きい。とはいえ、江戸川が氾濫してしまっては元も子もない。よって排水は慎重に、それこそ〝調整〟して行われる。

調圧水槽は埼玉県北葛飾郡の江戸川沿いの地下45メートルに存在しており、その深さは25メートル。広さは縦177×横78メートルで、これはサッカーグラウンド2面分にもなる。水槽内には59本の柱が立ち並び、さながら地底のパルテノン神殿といった趣きである。

中小河川から流れ込んだ水が貯まるのは〝立坑〟と呼ばれる巨大なトンネル空間だ。トンネルの大きさは直径約30メートル、深さ約60メートルで、現在（2004年10月）完成しているのは3つ。第5立坑まで建設される予定で、第4立坑はほぼ完成に近い状態、第5立坑も建設がスタートしている。そして、第5立坑から江戸川までを結ぶトンネルは総延長6300メートルにもなるという。そのトンネルの行き着く先が〝調圧水槽〟というわけだ。

5つの立坑すべてが完成するのは平成18年。その頃には首都圏から〝洪水〟という言葉が消えることになる。

ライフラインの死守は共同溝の使命

東京には、都民を河川の氾濫から守っている〝首都圏外郭放水路〟の他にもうひとつ、地下で建設が進められている大規模施設がある。電気や水道などが通るケーブルやパイプをひいた〝共同溝〟だ。

下水はドブ、電気・電話は電線、ガスは地下管（あるいはガスボンベを建物に備え付ける）を通るものと相場が決まっていたのは少し前までの話。現在、巨大な穴を地下に開け、その空間内に下水管・電気線・ガス管を通す計画が進められており、工事も東京都内各所で急ピッチで進んでいる。上下水道も含むほとんどのライフラインは共同溝の中に集められつつあるのだ。そしてこれは、政府の方針とも合致する。

広く知られている事実として、ロンドンやパリといったヨーロッパの大都市では、第2次世界大戦の頃にはすでに、すべてのライフラインが地下に移されていた。日本政府はそれを半世紀遅れで行おうとしているのだ。それはなぜか？

まずは安全性が挙げられる。例えば電気や電話の線が電柱を通っていた場合、台風が来たり地震があったりすると、その度ごとにケーブルが切れたり、電柱が傾いたりという問題が発生していた。共同溝があれば、そんな懸念は一気に解消される。将来的に見ても、一度作ってしまえば半永久的に使える共同溝は経済的・社会的な利用価値も高い。

そして2番目の理由として、ＩＴ技術の発達が挙げられる。通信ケーブルそのものが大きく、太くなっているのはご存知だろうか。直径5センチもあるようなケーブルを、電柱で走らせるわけにもいかないのである。

その他、電柱がないと町の景観がよくなる。バリアフリーにつながる。信号などがよく見え、交通事故の減少につながる…といった理由が挙げられる。

ライフラインが集中する共同溝のデメリット

このように、いいこと尽くめの共同溝だが、そこにライフラインをすべて移動させることで生じるデメリットもある。リスク、と言い換えてもよいかもしれない。それは、テロリストにとって共同溝が国民を混乱させる絶好のターゲットになりうるという点に尽きる。

ライフラインがバラバラと点在していれば、テロリストの目標も散在し、その分リスクを分散できる。しかし、ライフラインが共同溝に集中しているとわかっていれば、そこ1点を狙えばいいのだからテロリストにとっては願ったり叶ったりである。共同溝に侵入し、さまざまなパイプやケーブルを手当たり次第に切ってしまうだけで首都は大混乱に陥る。電気は止まり、メールは届かなくなり、水道からは水が出なくなる。ライフライン1本を断たれても大した混乱にはならないが、同時に2～3本断たれた際に市民が陥る混乱は想像を絶する。パニックは恐怖を呼び、恐怖が再びパニックを呼ぶ悪循環。いとも簡単に都市機能が崩壊してしまうのは間違いない。

実際、現在のところ共同溝の保安はマンホールの入り口に鍵をかけるのみにとどまっている。点検やメンテナンスは頻繁に行ってはいるものの、入り口にガードマンを立たせるわけでもないし、赤外線カメラでチェックしているわけでもない。合鍵さえ手に入れば、簡単に侵入できてしまうのだ。しかもその合鍵は、街の鍵屋ぐらいの技術ですぐに作れるというから驚きだ。

そして、地下にライフラインを集中させるデメリットはもう1つある。ネズミなどの小動物が入り込むリスクである。彼らにとって、冬でも暖かい地下は住みやすいことこの上ない。実際、古い地下鉄の駅のホームでは、線路周辺にちょろちょろとネズミが動き回っている。こうした小動物がIT回線をかじる可能性は大いにありうる。あるいはSARSのような動物間の病気が人間に感染する可能性だってある。中世のヨーロッパで猛威をふるったペスト菌を運んだのがネズミだったのは、有名な話である。

すでに地上は開発され尽くした感のある首都・東京。その地下にスペースを求めるのは、時代の流れとして致し方ない。しかし、ライフラインが1カ所に集中すればするほど、リスクが増していくということを忘れてはならない。

▲首都圏外郭放水路の立杭の写真。川から溢れそうな水をここから取水して下のトンネルへ流す。そして江戸川に放水されるという仕組みだ。

首都・東京の大動脈

有事に最大の能力を発揮するJR

JRは地下鉄と並び首都・東京の主要交通網としての役割を果たしている。過去にはケーブルを切断するテロの標的となったものの、今では対策済み。頼りになる輸送網は有事の際に、どのような役割を果たすのか？

JRの施設は24時間眠らない

1985年、左翼の過激派である中核派が、首都圏・近畿圏で数10カ所の国鉄（当時・現JR）のケーブルを切断し、朝の通勤客の足を大混乱に陥れるという事件があった。

いくら地下鉄が発達したといってもJR、特に山手線が東京の大動脈だということに変わりはない。そのJRが正面から大々的にテロの目標とされた例は、ほとんどない。この中核派による事件は、高度経済成長後では唯一といってもいい例だ。

この事件に携わった人間は、一説によると100人を超えると言われている。

この事件に関わって逮捕された者の中には、活動家として普段から警察にマークされていた者以外に、多くの〝潜在的活動家〟が含まれていた。専業主婦や教職員、会社員として社会生活を営む一般市民が、実は活動家だったわけだ。警察関係者が驚いたのも無理はない。

それでは現在、ＪＲの保安・警備体制はいったいどのようになっているのだろうか？　ＪＲ各駅はテロに対してどのような対策を練っているのだろうか？　その可能性を探っていくことにしよう。

まず、都心のＪＲの設備から人がいなくなることはない。もちろん24時間営業というわけではないが、終電が出てから始発までの間、駅構内では清掃や施設の点検チェックが行われている。駅の明かりはすべて落とされてはいるが、終電が出た後もＪＲの施設は動いているのだ。ＪＲのこの忙しさが、実はテロを狙う人間にとっては大きな障害となっているというわけだ。

多くの列車がその車体を休める操車場もまた、車内の点検や広告の張替えといった作業が夜中に行われており、人の姿が絶えることはない。操車場は金網に覆われているが、これといったガードマンがいるわけではなく、警備らしい警備といえば、警察の深夜パトロールくらいのものである。都内の大きな操車場には、20以上のレールが敷かれて車両が止まっている場所が数多く存在するが、そんなところであっても、だれかしら職員の気配がするものである。

そして、かつて中核派に切断された通信ケーブルは、現在、ＪＲの線路下に設けられた共同溝を通っている。それが操車場周辺ならば、先述したように比較的、侵入が容易なのだが、ほとんどはＪＲの敷地内にある。

ＪＲの施設を覆う金網は低いところではせいぜい２メートルといったところ。操車場はさすがに高くなっているが、それでも4メートルほどだ。無理をすれば、金網をよじのぼって…という気もするが、JRはそういった事態を想定して対応システムを構築している。

ガチャガチャと音を立てて金網を登ろうものなら、センサーが感知し即座に笛の大きな音が鳴り響く。そして操車場の休憩室にすぐに明かりがともる。実は敷地内に侵入する人間はけっこういて、そのほとんどは熱心な鉄道ファンか単なる酔っ払いだという。何にせよ、人が絶えることのないJRの操車場に侵入するのは至難の業というわけだ。

では、始発が動き出してからはどうか？　朝の5時台になると、次々と操車場に止まっている車両に明かりがともり始め、前夜から寝泊りしていた職員たちが活動を始める。電車内はまだ閑散としており、早朝勤務のサラリーマンか、徹夜帰りの学生、そして労働者の人々が乗っているぐらい。車内でテロを行うにはいい頃合だ。が、爆弾テロにしても、人が少なく、電車をストップさせても振替え輸送など対応策を取る時間があるのでその影響も限定的なもの。これではテロを行う意味があるのだろうか。

そして7時を過ぎた頃からいっせいに混雑し始める。JR中央線、埼京線、山手線の池袋〜新宿間はそれこそ、足の踏み場もないほどになる。立っているのがやっとという状態は、痴漢にはありがたいかもしれないが、テロリスト泣かせではある。

地下鉄サリンの実行犯はサリンの入った袋を傘で突き刺してから逃走したが、混雑時のJRでは逃走すらできないだろう。自爆テロを起こすにしても、周囲のわずか数名しか、殺害できない。人が壁になり、爆弾の威力を吸収してしまうからだ。

以上の理由からＪＲは、おそらく世界でもっともテロを仕掛けづらい鉄道と言えよう。

有事の際でも頼りになるＪＲの輸送ライン

では、まったく逆の見方をしたい。有事の際にＪＲは役に立つか？

あなたが都内の会社で勤務中、有事を報せるニュースが飛び込んできたとする。真っ先に家族のもとに戻りたい人々でＪＲの駅は溢れかえるだろう。

そんな時のためにＪＲの職員が教えら

▲侵入者に対して様々な対策が練られているＪＲの中野車庫。ちなみにこの車庫には地下鉄東西線の車両も収納されている。

れている緊急時の対処法。それは改札をすべて開けっ放しにして、人をどんどん流し込むのだという。そしてエスカレーターはストップさせる。そのため、すべての乗客はホームに上がるために階段を利用することになる（エスカレーターも階段として利用する）。駅員はロープで人の流れを整理する。乗客がパニックにさえならなければ、スムーズに列車の中に入り、自宅の最寄の駅までたどり着けるというわけだ。

混雑した客を扱うのでは、世界一といわれるＪＲの職員が、冷静になるように呼びかけ、乗客の理解が得られれば、ＪＲは有事の際に民間人がもっとも重宝する移動手段なのである。

そしてＪＲにはもうひとつ特徴がある。それは地下鉄と違い、全国に路線を持っているということだ。しかも基本的にその線路はすべて繋がっている。これは有事の際に、自衛隊を始めとする物資・人員の輸送に役立つのである。

また、東京で未曾有の災害やテロが起きて東京の高速道路・幹線道路が通れなくなった時、地下鉄と同じように線路は自衛隊の重要な輸送路の１つとなる。

実際に２００１年には、北海道の帯広から広島まで、ＪＲの貨物列車が自衛隊の建築資材を運んだ実績もあるのだ。

都内を走るＪＲの弱点はたった5センチの〝雪〟

ただ、ＪＲにも問題点はある。

都内のＪＲは極端に雪に弱い。23区内で５センチの雪が降るだけで、輸送能力がほぼ7割に落ちるという。10センチを超えると5割減。20センチ以上雪が積もると、電車はほとんどストップしてしまう。

近年は温暖化の影響で、都内で雪が積もることは3～4年に1度くらいだ。そのためかどうか、JRはこの積雪に対して策を講じてはいない。雪が降ったら止まるということだけは、どうやら覚悟しておいたほうがよさそうである。

ならば、地震への対策はどうか。積雪の時とは違い、こちらはかなり心強い。長いレールの使用と、車線変更の簡略化に努めた結果、東京で震度4程度の地震が発生しても遅くとも10分後には再稼動が可能だという。一旦電車を停止させ、線路が走行に支障をきたす状態になっていないかどうかを職員が確認し、問題がなかったという前提の話ではあるが。

もちろん、雪と有事、地震と有事が重なる確率は、ほぼゼロに近い。それでも天候が悪ければ飛行機を飛ばすのは難しいし、地震が起きれば空中にいる飛行機の計器類も地震の震源地から発せられる電波によって不都合が生じるという。逆に新幹線ではこの電波をキャッチして大地震の際、自動的にストップするシステムが採用されていたりもする。

雪に弱いとはいえ、やはり有事の際、JRはけっこう頼りになるといえそうだ。

エネルギー政策の要

原子力発電所の危険性

２００４年現在、日本では53基の原子力発電所が稼動している。人々の生活に欠かせない電気を供給するために、危険性をはらみつつも運用される原発の安全性を検証する。

危険度大！ 核燃料のプルトニウムとウラン

北朝鮮を始め、各国の弾道ミサイルは敵国の原子力発電所に照準を合わせていることが多いという。原子力発電所では放射性物質であるウランやプルトニウムが核燃料として使用されているからだ。

中でもプルトニウムの毒性は広く知られている。目に見えないような粉塵のほんの一粒を飲み込んだだけでも、20～30年後には肺ガンにかかってしまうほどである。もちろん、直接大量に浴びてしまった場合は即死する。さまざまな説があるが、致死量は25ミリグラムと言われており、青酸カリの5～10分の1程度の量で人を死に至らしめることができる。

そして、これらの核燃料が何よりも恐ろしいのは、半永久的に放射能を撒き散らすという点だ。一度体内に取り入れてしまうと、本人がダメージを負うのはもちろん、その体が朽ち果てても放射能の毒性は健在なのだ。

万が一、原子力発電所が破壊されて核

燃料が流出した場合、たとえそれが人間の致死量に至らなかったとしても問題は深刻だ。大地そのものが汚染されてしまうからである。

核燃料を浴びたプランクトンを小魚が食べ、体内に放射性物質が蓄積され、それを大きな魚が食べる。あるいは、核燃料を浴びた草木を家畜が食べる。生物が保有するごくごく微量の放射性物質は、食物連鎖のピラミッドを一段のぼるたびにその量を増していく。最終的に行き着く先は、むろん人間である。

核燃料はガンの原因になるだけでなく、奇形種が生まれる原因にもなる。DNAに直接作用する放射性物質特有の現象である。

1986年、旧ソ連のウクライナにあるチェルノブイリ原子力発電所が爆発し

▲原発銀座ともいわれてるほど原子力発電所が並ぶ福井沖で原発の避難訓練に参加した海上自衛隊の艦艇。原発が狙われたら大惨事が予想されるため、警備はかなり厳重だ。

た。頑丈な発電所の屋根が吹っ飛ぶほどのすさまじさで、外に放出された核燃料の量は計百数キロあったのではというのが定説だ。この事故による直接の死亡者は原発職員や消防士たちの31名のみ。しかし風に乗った核燃料や、核燃料から発生する放射線の影響で約3万人もの死者を出したとされている。

この事故以来、チェルノブイリでは目玉が1つしかない牛が生まれたり、頭部のない豚が生まれたりした。

引っ越せる人間は安全な地域に引っ越したものの、同地区に住み続けた人間は次々とガンで倒れた。そしてチェルノブイリ周辺からは誰もいなくなった。完全にゴーストタウンと化したのである。

もし現在、東京にもっとも近い茨城県東海村の原子力発電所が弾道ミサイルの直撃を食らったら、核燃料が流出することになる。さらにその際、冬場はめったにないが、東海村から東京に向かって南風が吹いていたら最悪である。東京はあっという間に核燃料で汚染されてしまうだろう。

その瞬間から、東京のチェルノブイリ化が進む。またたく間に廃墟と化してしまうのだ。わざわざBC兵器や核を弾頭につけなくとも、ミサイルが原子力発電所に当たれば、それだけで東京はおしまいなのだ。

首都防衛の観点からいえば、東海村の原子力発電所もまた、死守しなければならない生命線なのである。

テロにあったら被害甚大！原発のテロ対策

原子力発電所が攻撃を受けた場合、どの程度持ちこたえられるのだろう。

東海村の原子力発電所は、厚さ6メートルのコンクリート壁で覆われている。ある建築関係の専門家の話では、これは銃器や小型の爆弾なら持ちこたえられるが、戦闘機が墜落すれば簡単に崩壊しまう強度だという。

いわんや弾道ミサイルをや、である。現在のミサイル発射精度では原子力発電所をピンポイント攻撃するのは難しいかもしれない。それでも実験を重ねれば、十二分に可能だと指摘する専門家もいる。

そして、原子力発電所を狙うのは、何も弾道ミサイルだけではない。太平洋の領空外からジェット機が飛んできて、原子力発電所を攻撃するという事態も想定できる。実際、イラクはイスラエルにこれをやられた過去を持つ。1976年のことである。

イラクが原子力発電所を建設中、イスラエルのジェット機部隊がレーダーに感知されない地面すれすれの高さを飛んでイラク領空に侵入した。そしてイラクが迎撃の準備を整える間もなく、原子力発電所を攻撃し、爆破したのである。

原子力発電所は核兵器を生産する隠れ蓑になる。なぜなら、原発を作ることによって発電燃料になる核燃料棒を正々堂々と輸入することができるのである。核燃料棒を使用した後、再処理することによってプルトニウムを抽出することができ、これを核兵器へと転用することができるのだ。

イスラエルはこのように考え、先制攻撃を仕掛けたのである。この時は、まだ建設中だったからよかった。放射性物質が発電所内になかったのである。

かつて、冷戦時代には旧ソ連の飛行機が領空に近づくと、航空自衛隊は対領空侵犯措置のためスクランブル発進をした。そのピークは昭和59年で、その数は実に９４４回を超えた。その中には領空すれすれを飛んで戻っていくケースもあったが、実際に領空侵犯になったケースも少なくない。

テロを想定しての厳重な警備体制

平成に入ってからでも領空侵犯事例は12回もある。その内訳は、台湾機１回、ロシア機11回。ロシアの行った領空侵犯は北海道が９回で青森と長崎が１回ずつ。台湾の行った領空侵犯は、尖閣諸島上空だった。

現在のところ、日本に弾道ミサイルを向けているという中国、そして北朝鮮が領空侵犯を行ったケースはない。両国とも戦闘機の航空技術は発達していないようで、原子力発電所への〝カミカゼ作戦〟の可能性は低いと見ていいだろう。

しかし、原子力発電所を大破させるには、まだ方法がある。原子力発電所をジャックして中に侵入し、爆弾を仕掛けるのである。

当然ながら、原子力発電所の周辺は大変な警備網が敷かれ、近所の人間でも近づくことすら難しい。海には、海上保安庁の巡視船の目が光っている。さすがにそう簡単には原子力発電所をジャックなどできなさそうだ。

ただ、盲点はいくつかある。

映画『大脱走』よろしく、地下に穴を掘って侵入を試みることもできるし、あるいは産業スパイを使って電力会社に侵入して機会を見て侵入することもできる。あまり考えたくない事態だが、少しでも可能性がある限り、その芽を潰す対策をしっかりと講じてもらいたいものである。

何にせよ、現段階でテロや敵国の攻撃よりもっとも心配なのは、やはり人為的ミスによる事故である。5年前の1999年には、東海村の核処理施設で臨界事故が発生し、犠牲者も出している。一歩間違えれば大爆発。それですべてが無に帰す原子力発電所だけに、警備・保安・安全管理は徹底してもしすぎるということはない。そして首都の防衛だけを考えれば、原子力発電所はなくすに越したことはない。

◀日本初の臨界事故を起こした茨城県東海村のＪＣＯ事業所。作業員２人の命を失い、原子力の危険性を世に知らしめた。

日本の空の玄関口を守れ！

空港のテロ・ハイジャック対策

アメリカ同時多発テロ以来、警戒を強めている世界の航空業界。そんな中、日本の空港ではどのような警備体制が敷かれているのだろうか。

警備体制の甘さを突いた羽田のハイジャック事件

１９９９年７月23日、羽田発新千歳行き全日空61便＝ボーイング７４７・ジャンボ機を包丁を持った男がハイジャックした。男は操縦席で機長を刺殺し、操縦かんを奪った。同機は米軍横田基地上空で高度１０００フィート（約３００メートル）まで急降下し、後一歩で大惨事になるところだった。幸いなことに、副機長らが男を取り押さえて最悪の事態は免れることができた。

犯人は犯行前の６月に、運輸省東京空港事務所や、航空会社、警視庁東京空港署などに相次いで手紙を出していた。そこには、羽田空港の警備の問題点や、凶器を機内に持ち込む方法とともに「こうすれば持ち込みを防止することができる」という対策までが書かれていたという。その手紙の内容はこうだ。

「まず、羽田空港ビルの到着荷物受取場と出発ロビーは、その気になれば行き来が自由にできる。その上で、他の空港からの到着便に凶器を入れた荷物を預ければ、羽田で別の便に乗り換えるとき、凶器の入った手荷物をチェックなしで機内に持ち込むことが可能だ」

航空マニアである男は犯行の数日前、東京空港事務所に電話して「対策をとっていないじゃないか」と真剣に抗議していたという。そして、その電話の直後に3枚の航空券を購入して、到着荷物受け取り場と出発ロビーを行き来。そして包丁の入ったかばんを全日空機に持ち込み、事件を起こすに至ったのである。

結局、男の指摘は正しかったことになる。空港内の出発ゲートと到着ゲートの進路には区別がなく、ほとんど自由に行き来ができたのだ。空港はからずも、人の流れの管理の不徹底ぶりとチェック体制の甘さを露呈してしまった。

雨降って地、固まる。事件から5年が過ぎた今、羽田空港の出発ゲートと到着ゲートは完全に分離されており、人の流れはガードマンによって完全に管理されている。

イスラエルのような警備体制を日本も敷くべき

現在、世界中の航空会社で飛行機に乗る前のセキュリティー・チェックがもっとも厳しいのは、イスラエルの航空会社エル・アルだといわれている。このエル・アルに乗る際には、金属探知機とボディーチェックはもちろん、以下のチェックを通過しなければならない。

まず飛行機に預ける荷物のすべてにX線が通され、不審なモノがないかをチェックされる。そこでウォークマンのような電化製品が見つかれば、すぐに荷物を開けて中身を見られるハメになる。空港のセキュリティー・スタッフが電化製品を取り上げ、本当に動くかどうか細かく検査し、時には分解までして中に爆薬などが詰まっていないか調べるのだ。身に覚えのない人にとっては不快かもしれないが、やはり安全は何物にも替えがたい。

9・11同時多発テロ以来、アメリカの航空会社も警備が非常に厳しくなった。イスラエルのように機内に預ける荷物まで乗客の前でチェックをすることはないが、飛行場のチェック・イン・カウンターに預ける荷物は鍵をかけない決まりになっている。乗客の見ていないところで中を開け、徹底的にチェックするためだ。荷物に不審なものは入っていないか？　刃物は？　爆発物は？　1つ1つの荷物を職員が目を皿のようにしてチェックする。それもこれも、機内の安全を守るため。考えてみれば、ごく当然のことである。

現在のハイジャック対策は万全ではない!!

さて、現在の羽田の場合はどうだろう。飛行機に預ける荷物はチェック・インの前にX線検査を受ける。見ていると4～5人にひとりの割合で荷物を開けさせられているようだ。私見ではあるが、どうもアットランダムな印象は拭えない。そして、機内に持ち込む手荷物の検査もかなり甘い。金属探知機に通しはするものの、全員の手荷物の中を改めるまでには至っていない。セラミックに代表される新素材の刃物には金属探知機で検出できないものがあるにも関わらずだ。

　アナログ的な処理ではあるが、やはり武器の知識のある人間が手荷物の中を肉眼で見て、徹底的にチェックするに越したことはない。

　先述のエル・アルでは、口頭による質問で搭乗者がどういった人間なのかまで徹底的に調べている。そこで要注意人物とみなされた者は、別室に連れて行かれ、2〜3人のセキュリティー・スタッフによる尋問を受けることになる。同じ質問が何度も繰り返され、うっかり異なる答えでもしようものならセキュリティー・スタッフの追求はさらに厳しいものとなる。

　これこそ身に覚えのない人間には不愉快極まりないかもしれないが、覚えのある人間に対して効果的な手段であることは間違いない。先に述べたハイジャック犯ではないが、日本の空港もそのようなセキュリティ体制を敷くべきだと思うのだが…。

▲警備を厳重にしたとはいえ、羽田空港の警備レベルは海外の空港には及ばない。

日本の空の番人

所沢にある有事の際の管制塔

日本の空の70パーセントをカバーする国土交通省東京航空交通管制部。この施設は有事の際、防衛庁航空自衛隊の指揮下に入るという。では有事の際、どのような働きをするのだろうか。

航空管制センターで起きた管制システムのダウン

埼玉県の所沢にある航空記念公園の中に、国土交通省東京航空交通管制部、通称〝航空管制センター〟という施設がある。軍用機を含むすべての飛行機の進路を指示し、空のガイド役を務めている。

飛行機のコントロールというと、誰もが空港にある管制塔をイメージする。ところが、管制塔はタイヤが滑走路についている状態の飛行機をコントロールするものであって、道のない空の中に飛行機の道を作ってコントロールするのは、すべてこの航空管制センターの仕事なのだ。

所沢の管制センターは日本の領空内で約70パーセントの管制を担当している。本州では岡山から福島までが所沢の航空管制センターの統制下にある。

２００３年3月、この管制センターの管制システムの一部がダウンした。2時間後に復旧したものの、２０３便が欠航し、１４４3便に遅れがでるなど甚大な被害をもたらしたのだった。

この事件によって、所沢の航空管制センターの重要さは、一般にも広く知られるところとなった。航空記念公園から見えるいくつものレーダーが、日本の空をコントロールしているのだ。

実は、1カ所の航空管制センターによって管轄する空域すべての飛行機がコントロールされているのは、何も日本に限ったことではない。これは全世界共通(米国は例外で2カ所ある)で、パイロットは無線で航空管制センターと連絡をとりながら離着陸およびコースの指示を受けているのだ。

空港無線は普通の無線機でも受信できることがあるという。飛行機がいつどこを飛ぶのかということがすべてわかってしまうのだから、無用心なことこの上ない。

1カ所の機能停止でパニックに陥る航空機

管制センターがいかに大切なものかがわかる事件は、アメリカでもあった。FAA(米連邦航空局)の報告はこうだ。

2004年9月14日の夕方(日本時間では15日朝)、米西部の航空管制センターの無線が突然不通となり、ロサンゼルスやラスベガスなどの主要空港で旅客機の離着陸ができなくなった。米CNNテレビによると、計約800機に離発着の遅れがでる影響があったという。

この事件は、半径約300キロを管制するセンターの無線が機能停止したために起こった。

ここでも、わずか1カ所の管制センターが沈黙しただけで、米国内にある無数の空港が大パニックに陥ったのである。航空技術において日本より1歩も2歩も先を行くアメリカですら、このていたらくなのだ。

9・11テロの際には、ハイジャッカーたちは操縦席を乗っ取ると、すぐに航空無線をオフにした。ハイジャックが管制センターにバレないようにするためだ。航空管制センターの管制官達はしばらくの間、何が起こったのかわからなかったという。すべてがわかったのは、ハイジャックから5分後だった。

ということはである。ハイジャッカーたちは、管制センターを頼らずに手動で操縦し、目標の世界貿易センタービルを見つけて突っ込んでいったことになる。途中でニアミスを2度ほど起こし、他の飛行機と空中衝突する寸前だったというう話もうなづける。

３００0メートル近い急激な下降をした上で、摩天楼の中の目標物を見つける難しさは想像するに難くないが、もし当日が快晴ではなかったら、テロは未遂に終わっていたことだろう。航空機のことを少しでも知っている人なら当たり前の事実だが、パイロットの目だけを頼りに雲の中を飛ぶことは１００パーセント不可能である。ハイジャック犯たちも、計画を白紙に戻していたはずである。

その軍事的性格から テロの候補地にも

所沢の航空管制センターに話を戻そう。戦時中、この場所は帝国陸軍飛行場だった。第2次世界大戦後、日本の降伏を受けて上陸したアメリカ軍が、この飛行場を接収する。同時に日本は航空管制の権限をすべて進駐軍に取り上げられ、飛行場は在日米軍の物資の補給や機械の修理をする兵站センターとして使用されるに至る。

そして1959年になって、日本はようやく日本周辺地区の航空管制の権限を米軍から移管され、同時に運輸省航空交通管制本部が発足した。最初は埼玉県のジョンソン基地（現・入間基地）内に設置され、その後、東久留米市に。そして1977年に所沢に移転してきたのである。

普段は国土交通省の管轄下にあるこのセンターは、有事の際には防衛庁航空自衛隊の管轄下に入る。有事の際、所沢は日本の空を守る砦となるのである。敵国のターゲットになっているのは間違いない。万が一ここを奪われる事態に陥ろうものなら、それはすぐに敗戦を意味している。

そんなわけでさすがに警備は厳重で、のんびりとした公園の中にもちらほらと警備員らしき人間を見かけることができる。70年代後半、中核派がこの航空管制センターをテロのターゲットにし、周囲を観察していたことがあったという。航空管制センターのケーブルにも目をつけていたと言われるが、警備が非常に厳しかったために、結局はそれも不可能だとあきらめたようだ。

数年後、航空機は人工衛星を使って自分の位置を把握し、衛星通信とデジタル技術を使って管制センターと交信し、より安全かつ確実に飛行できるようになる。

日本はアメリカやヨーロッパとともにこのシステムを構築している最中だ。それまでに、２００３年のような事故が再び起きないことを祈るばかりである。

▲国土交通省東京航空交通管制部。1977 年に東久留米市から移転してきた

▲空を飛行する F-15 イーグル。東京の空を飛ぶ飛行機はすべて東京航空交通管制部が誘導する。例外は米軍機だ。

協　力　今拓海、金田権治、有田帆太、魚谷保、大山秀樹、田所秀規、防衛庁（順不同）
編集協力　株式会社G.B.　坂尾昌昭　玉木尚　佐々木努
表紙・本文デザイン・DTP　笠井修
MAP制作　フジマックオフィス

本書は、2004年12月に小社より刊行された「要塞都市・東京の真実」を改訂して文庫化したものです。

宝島社
文 庫

要塞都市・東京の真実（ようさいとし・とうきょうのしんじつ）

2007年7月26日　第1刷発行

編　者　　宝島編集部
発行人　　蓮見清一
発行所　　株式会社　宝島社
〒102-8338　東京千代田区一番町25番地
電話：営業03(3234)4621／編集03(3239)5746
振替：00170-1-170829　(株)宝島社
印刷・製本　　中央精版印刷株式会社

乱丁・落丁本はお取替えいたします。

First published 2004 by Takarajimasha,Inc.

Printed and bound in Japan
ISBN978-4-7966-5959-8